大连理工大学管理论丛

工程项目契约柔性
对承包方合作行为影响研究

朱方伟　孙秀霞　宋昊阳　著

本书由大连理工大学经济管理学院资助

科学出版社

北　京

内 容 简 介

近年来，工程项目不平衡报价、低报价高索赔等现象屡见不鲜，项目合同纠纷问题普遍存在。本书从关系视角出发，结合工程项目情境，对契约柔性与合作行为的内在影响机理开展深入的解析与验证，期望通过柔性思想与要素的注入，探索开放、灵活的契约关系，促进项目交易双方稳定、互惠合作；系统界定了承包方视角下工程项目契约柔性的内涵与内在维度结构，采用多案例研究方法开展工程项目契约柔性对承包方合作行为的影响机理研究，并运用结构方程模型与 Bootstrap 检验等方法，构建并验证工程项目契约柔性对承包方合作行为的影响路径。

本书可供企业管理、项目管理等领域的研究人员、教师及相关专业的本科生、研究生参考，同时对面临项目合同管理问题的企业管理者、实践者也具有较大的参考价值。

图书在版编目（CIP）数据

工程项目契约柔性对承包方合作行为影响研究/朱方伟，孙秀霞，宋昊阳著. —北京：科学出版社，2022.1
　（大连理工大学管理论丛）
　ISBN 978-7-03-063523-5

Ⅰ.①工… Ⅱ.①朱… ②孙… ③宋… Ⅲ.①建筑工程-工程项目管理-经济合同-研究 Ⅳ.①TU723.1

中国版本图书馆 CIP 数据核字（2019）第 265408 号

责任编辑：陶　璇/责任校对：王丹妮
责任印制：张　伟/封面设计：无极书装

斜 学 出 版 社 出版
北京东黄城根北街 16 号
邮政编码：100717
http://www.sciencep.com

北京厚诚则铭印刷科技有限公司 印刷
科学出版社发行　各地新华书店经销

*

2022 年 1 月第 一 版　开本：720×1000　B5
2023 年 2 月第二次印刷　印张：12 1/4
字数：247 000

定价：138.00 元
（如有印装质量问题，我社负责调换）

作 者 简 介

朱方伟

大连理工大学经济管理学院企业管理所教授，大连理工大学经济管理学院院长，中国管理现代化研究会管理案例研究专业委员会委员、秘书长，中国管理案例中心联盟秘书长，《管理案例研究与评论》编委、副主编等。主要研究方向为总承包项目管理、项目驱动型组织变革和项目驱动型网络治理。目前主持纵向研究课题12项，其中包括国家自然科学基金面上项目4项，曾在《南开管理评论》《管理评论》等国内重点学术期刊以及 *International Journal of Project Management* 等国际一流期刊上发表论文60多篇，出版专著、教材9部，所撰写的案例连续多年荣获"全国百篇优秀管理案例"奖项；系统开展了电力、化工、机械、工程建设等行业的调研、培训和咨询，完成企业项目管理咨询与实践项目 29 项，在项目管理领域积累了丰富的一手案例和实践经验。

孙秀霞

大连理工大学经济管理学院副教授、博士。目前研究方向为数字化项目管理、国有企业家精神。主持国家自然科学基金青年项目 1 项，辽宁省自然科学基金项目 1 项，辽宁省社会科学规划项目 1 项；参与国家自然科学基金重点项目 1 项，国家自然科学基金面上项目 8 项，国家社会科学基金面上项目 2 项。出版学术专著2部，在项目管理领域顶级期刊 *International Journal of Project Management*、*Project Management Journal* 等，以及国内 A 类期刊《南开管理评论》《管理评论》《公共管理评论》等发表论文 26 篇；获得第六届辽宁省哲学社会科学成果奖（省政府奖）专著类三等奖 1 项；所撰写的案例入选"全国百篇优秀管理案例"3 篇；入选中国管理案例共享中心案例库案例 11 篇。

宋昊阳

中山大学信息管理学院博士后、博士。专注工程、科研等多类项目情境，跨领域融合科学计量学的专利与文献计量理论，开展团队治理、组织合作行为、科研团队信息行为、知识管理、技术创新与扩散等问题的研究，熟练掌握扎根理论研究、案例研究、调研访谈、实证统计分析、科学计量、网络分析与信息可视化等定性与定量研究方法。现已合作出版专著《管理案例采编》1 部；在《管理评论》、《南开管理评论》、《外国经济与管理》、*International Journal of Managing Projects in Business* 等国内外期刊上，发表相关主题的论文 14 篇。主持中国博士后科学基金面上资助项目 1 项；参与两项国家自然科学基金面上项目的申请与研究工作。对 20 余家政府机构与企业开展访谈调研，参与企业项目化组织改革项目 1 项。

丛书编委会

总　序

　　编写一批能够反映大连理工大学经济管理学科科学研究成果的专著，是近些年一直在推动的事情。这是因为大连理工大学作为国内最早开展现代管理教育的高校，早在 1980 年就在国内率先开展了引进西方现代管理教育的工作，被学界誉为"中国现代管理教育的摇篮，中国 MBA 教育的发祥地，中国管理案例教学法的先锋"。

　　大连理工大学管理教育不仅在人才培养方面取得了丰硕的成果，在科学研究方面同样也取得了令同行瞩目的成绩。在教育部第二轮学科评估中，大连理工大学的管理科学与工程一级学科获得全国第三名的成绩；在教育部第三轮学科评估中，大连理工大学的工商管理一级学科获得全国第八名的成绩；在教育部第四轮学科评估中，大连理工大学工商管理学科和管理科学与工程学科分别获得 A- 的成绩，是中国国内拥有两个 A 级管理学科的 6 所商学院之一。

　　2020 年经济管理学院获得的科研经费已达到 4345 万元，2015 年至 2020 年期间获得的国家级重点重大项目达到 27 项，同时发表在国家自然科学基金委员会管理科学部认定核心期刊的论文达到 1 000 篇以上，国际 SCI、SSCI 论文发表超 800 篇。近年来，虽然学院的科研成果产出量在国内高校中处于领先地位，但是在学科领域内具有广泛性影响力的学术专著仍然不多。

　　在许多的管理学家看来，论文才是科学研究成果最直接、最有显示度的体现，而且论文时效性更强、含金量也更高，因此出现了不重视专著也不重视获奖的现象。无疑，论文是科学研究成果的重要载体，甚至是最主要的载体，但是，管理作为自然科学与社会科学的交叉成果，其成果载体存在的方式一定会呈现出多元化的特点，其自然科学部分更多地会以论文等成果形态出现，而社会科学部分则既可以以论文的形态呈现，也可以以专著、获奖、咨政建议等形态出现，并且同样会呈现出生机和活力。

　　2010 年，大连理工大学决定组建管理与经济学部，将原管理学院、经济系合并，重组后的管理与经济学部以学科群的方式组建下属单位，设立了管理科学与工程学院、工商管理学院、经济学院以及 MBA/EMBA 教育中心。2019 年，大连理工大学管理与经济学部更名为大连理工大学经济管理学院。目前，学院拥有 10 个研究所、5 个教育教学实验中心和 9 个行政办公室，建设有两个国家级工程研究中心和实验室，六个省部级工程研究中心和实验室，以及国内最大的管理案例共享平台。

经济管理学院秉承"笃行厚学"的理念，以"扎根实践培养卓越管理人才、凝练商学新知、推动社会进步"为使命，努力建设成扎根中国的世界一流商学院，并为中国的经济管理教育做出新的、更大的贡献。因此，全面体现学院研究成果的重要载体形式——专著的出版就变得更加必要和紧迫。本套论丛就是在这个背景下产生的。

本套论丛的出版主要考虑了以下几个因素：第一是先进性。要将经济管理学院教师的最新科学研究成果反映在专著中，目的是更好地传播教师最新的科学研究成果，为推进经济管理学科的学术繁荣做贡献。第二是广泛性。经济管理学院下设的 10 个研究所分布在与国际主流接轨的各个领域，所以专著的选题具有广泛性。第三是选题的自由探索性。我们认为，经济管理学科在中国得到了迅速的发展，各种具有中国情境的理论与现实问题众多，可以研究和解决的现实问题也非常多，在这个方面，重要的是发扬科学家进行自由探索的精神，自己寻找选题，自己开展科学研究并进而形成科学研究的成果，这样一种机制会使得广大教师遵循科学探索精神，撰写出一批对于推动中国经济社会发展起到积极促进作用的专著。第四是将其纳入学术成果考评之中。我们认为，既然学术专著是科研成果的展示，本身就具有很强的学术性，属于科学研究成果，那么就有必要将其纳入科学研究成果的考评之中，而这本身也必然会调动广大教师的积极性。

本套论丛的出版得到了科学出版社的大力支持和帮助。马跃社长作为论丛的负责人，在选题的确定和出版发行等方面给予了极大的支持，帮助经济管理学院解决出版过程中遇到的困难和问题。同时特别感谢经济管理学院的同行在论丛出版过程中表现出的极大热情，没有大家的支持，这套论丛的出版不可能如此顺利。

大连理工大学经济管理学院

2021 年 12 月

目　　录

第1章 绪 论

1.1 研究背景与问题提出

1.1.1 研究背景与意义

1. 研究背景

1）现实背景

首先，工程建设行业进入盘整与转型时期，并继续发挥国民经济的支柱作用。据国家统计局资料，工程建设行业的年总产值占据我国国内生产总值的30%左右，从业人员超过2亿人，在我国经济转型发展过程中有着举足轻重的作用。近年来，随着全球经济的回暖，我国经济发展进入转型与修整期，工程建设行业也从飞速增长的态势，进入大周期下滑、小周期筑底的嵌套重叠阶段，建筑企业也迎来自身转型改革的关键时期。同时，在国务院相关政策的推动下，2015年以来，基建投资呈现较高的增速，而且广泛应用了公私合作（public-private partnership，PPP）模式。2019年，全国建筑业总产值达248 445.77亿元（同比增长5.68%）。具体来看，全国房地产开发投资为132 194亿元，同比增长9.9%；全国固定资产投资（不含农户）为551 478亿元（同比增长5.4%）；基础设施投资同比增长 3.8%①。尽管相较 2015 年以前，工程建设行业发展增速有所趋缓，但仍旧稳步提升，在国家政策、经济等因素的支持与推动下有再次快速发展的趋势，该行业在国民经济的发展中有着举足轻重的地位。

其次，占据优势地位的项目业主过度强调契约刚性控制作用，阻碍了与承包方的良性合作，造成大量纠纷与低水平绩效。在工程项目中，业主与承包方是项目的关键参与主体，双方通过签订项目合同构建了委托代理交易关系。由于双方

---

① 数据来源：《2019年建筑业发展统计分析报告》。

在项目目标、信息掌握、技术水平、资源等方面的差异,为了确保自身收益、降低或控制项目成本,项目合同成为双方博弈、开展监管的重要形式。受传统竞争思维的影响以及彼此间信任机制的缺乏,业主形成了对利益此消彼长的狭义认识,往往借助买方优势占据决定权,通过事前压低工程造价、签订免责条款等策略提前转移风险,并严格执行刚性合同对承包方进行监管,以降低或约束承包方的机会主义行为。处于相对市场劣势地位的承包方,为了在因素多变的环境中生存,则借助项目事后的信息优势、项目投入难以转化等理由将业主套牢在项目中,采取不平衡报价、偷工减料等不正当行为,以降低项目实施成本,谋求个人利益,此种对立思想与关系造成了行业内普遍存在的"低报价高索赔"的问题,在项目过程中充斥着大量的纠纷事项,尤其是项目合同纠纷。此类消极的合作关系、刚性的治理策略、对立的思想在导致大量项目合同纠纷的同时,严重影响了项目的工期与成本,给项目质量带来了隐患与威胁,"豆腐渣工程"、项目提前终止等现象较为普遍。

最后,关系契约、柔性机制成为促进合作的最优选择。在知识经济、网络经济和信息经济等新经济的推动下,工程项目的规模、技术复杂程度、投资建设周期等均呈现上升趋势[1]。从项目的立项、实施至最后的交付,项目所处的内外政治、经济、法律等环境也在持续变化。项目业主与承包方需要时刻面对来自不同方面的、难以独立解决的不确定性。双方需要通力合作,搭建伙伴合作关系模式,更好地达成项目目标,促进项目成功。因此,在传统思想下承发包间的对立、竞争关系已不再适用于当前的项目情境,转而寻求的是更加开放、灵活与柔性的治理与合作范式[2]。相应地,开放式的项目合同、合作信任、承诺与声誉等"软要素"的价值日益体现,尤其是中国社会中较强的关系导向特征,更加强调各方的合作、互惠互利及共赢,双方交易并不仅限于刚性的合同条款,还涉及了关系契约要素。通过项目合同与关系柔性机制的构建和运用,业主以合作互惠的态度开启项目,承担合理的项目责任,通过共赢模式实现自身的项目诉求。承包方则通过协商、价格补偿、良好关系等保障自身利益,提升满意度,降低机会主义行为倾向,开启双方合作的良性循环[3]。

2)理论背景

首先,契约柔性(contracting flexibility)的价值与作用得到学者的认可与初步探讨。随着不完全契约理论、关系契约理论的发展与完善,以及传统刚性契约对实践活动解释的无力,契约的柔性特征逐渐引起学者们的关注。越来越多的学者注意到,传统正式契约理论过分依赖预测技术,其对合同完备性的强调有损于合同执行效率[4],未能换来交易绩效的有效提升,双方反而纠缠于对各自利益的维护,忽视了交易本身的质量。尤其是在工程项目情境中,随着实践环境的变化及买卖双方关系的转变,项目契约的功能不再只是刚性保护,而是超越维护双方利益的功能，转向促进风险共担、合作和适应不确定性环境。相应地，为应对项目内外环境日益提高的不确定性，柔性管理的思想被引入工程项目契约治理的领域，学者们通过理论分析与实证检验等方式提出，契约柔性的提高，能够有效地应对项目不确定性[5]，促进双方信息共享、创新行为，有助于良好合作关系的形成，有效促进项目绩效、项目管理绩效的提升[6]。

其次，项目契约柔性（project contractual flexibility，PCF）影响机理的研究相对有限。现有研究在肯定契约柔性价值的基础上，尝试解读契约柔性对项目绩效、主体行为的影响机理，主要围绕三方面展开：第一，作为一种对环境变化的适应能力，高水平的契约柔性有利于促进项目合同执行效率的提升，实现对项目不确定性的及时、快速响应；第二，可调价等条款柔性机制能够实现对项目承包方的动态激励，在风险发生时提供合理的分配指导，激发承包方的积极性；第三，再谈判机制取得的契约柔性为交易各方间的差异或冲突提供了再协商的空间。尹贻林和王垚将上述分析归纳为项目不确定性的补偿机制与合理风险分担机制[2]。综合来看，已有研究成果对项目契约柔性的作用影响机理进行了初步的解读，但现有解释仅从契约柔性的某一表征（如价格柔性、再谈判柔性等）进行分析，研究的系统性有待深化。

同时，一些学者提出，契约柔性的提升尽管能够提高对不可预见风险的适应能力，但也增加了契约处理的附加成本，且在机会主义的预判下，是否能够真正地实施维护绩效的事后调整尚无法确定。在 Thomas 等[7]看来，契约柔性不利影响的根源在于将消极因素等同于积极的柔性能力，是对概念内涵的曲解。可见，对契约柔性内涵认识的差异性在一定程度上限制了研究的深度与质量。因此，未来的研究需要对项目契约柔性进行深入的剖析，在明晰构念内涵基础上，深化项目契约柔性的影响机理研究。

再次，关系视角是解读契约柔性与合作行为的着力点。从形成与发展来看，契约柔性思想源于不完全契约理论与关系契约理论对契约刚性的批判，以及对交易过程中非正式合同关系的深入理解。上述理论指明，契约内嵌于交易所属的社会环境，在本质上具有关系属性，展现出长期、开放和自我履约等柔性特征[8]。可见，关系视角有助于对契约关系本质及其社会嵌入性的深入理解和把握。同时，从合作行为的内涵特征来看，该构念以交易各方的共同目标为前提，反映了彼此的协调互动及一定的牺牲意愿，本质上体现的是一种关系行为，是交易主体基于关系认知的行为策略[9]，即合作行为有着天然的关系属性。

最后，从契约与合作间内在联系来看，基于契约理论与治理理论的研究证实，项目契约作为治理机制影响着组织间的关系与合作行为，如 Poppo 和 Zenger[10]提出，越是完整的合同，越有利于应对潜在的不确定性。另外，在引入社会交换理论（social exchange theory）的基础上，现有研究发现，契约的柔性水平构成了各方间信任、承诺、关系演化的基础[11]，而契约的控制与协调属性能够在促进双方的信任、沟通、伙伴关系等的基础上，进一步促进合作意愿[12]。由此可见，关系视角贯穿了不完全契约理论、关系契约理论与社会交换理论，为契约柔性、合作行为的界定与理解提供了有力支撑，同时也成为构建并解析"契约柔性—合作行为"内在关联的有效着力点。

2. 研究意义

1）理论意义

首先，深化了对工程项目契约柔性（construction project contractual flexibility，CPCF）内涵的认识，实现了对构念的测量。目前，学者们对契约柔性的内涵进行了一定程度的解读，但更多是将"柔性"与"契约"原有概念的简单加合，并未结合具体研究对象或问题进行深入解读。同时，由于研究领域与视角的影响，一些研究对内涵的界定存在一定的狭义偏差、模糊，甚至误解，如仅关注合同条款本身，而忽视履约过程；将价格柔性、再谈判条款等同于合作柔性；将模糊、不完全视为契约柔性，导致难以形成对契约柔性的系统解读，不利于柔性价值或现象的深入阐释。因此，本书围绕不完全契约理论、关系契约理论，借助社会学的交换理论指导，采用扎根理论（grounded theory）研究方法与相关统计方法对工程项目契约柔性进行研究，进而界定构念内涵与维度模型、开发构念测量工具，为后续研究工程项目契约柔性的影响及作用机制奠定构念内涵与工具基础。

其次，结合项目实践情境，以交易过程的关系为切入点，依据"契约柔性—关系要素—合作行为"内在逻辑，揭示并深化工程项目契约柔性对承包方合作行为的影响机理研究。现有对项目契约柔性影响机理的研究多停留在理论分析的层面，实践情境的支持与佐证较为缺乏，相关研究成果或结论有待检验。另外，多数学者基于狭义视角从风险分担与价格补偿两个层面定性阐释了契约（合同）柔性的影响机理，忽视了契约过程属性的重要价值与影响。同时，虽然阐释了柔性契约对交易各方的适应能力、激励效果及策略空间等方面的积极影响，但对影响产生的内在机理尚不明晰，未能清晰说明契约柔性与合作行为间的内在要素结构及彼此影响关系。因此，本书采用案例研究方法，以不完全契约、关系契约与社会交换理论为基础，从交易过程的关系视角出发，结合具体项目契约实践情境，探究"契约柔性—关系要素—合作行为"三者间的内在关系要素构成与关系，从而深化项目契约柔性的内在影响机理，打开其与承包方合作行为间的关系"黑箱"。

最后，通过大样本实证统计分析，进一步揭示了工程项目契约柔性、承包方关系状态与合作行为之间的影响关系。当前对于项目契约柔性与合作间关系的研究尚处于理论的探索阶段，基于大样本统计检验的实证研究较为缺乏，如在经济学领域，相关研究以模型的理论构建与论证为主要研究方式；而在管理学领域，相关研究尚处于起步阶段，尽管一些学者开始尝试采用统计实证研究方法，但多数研究依旧以理论思辨、案例研究等定性分析方法为主。相对地，所取得的研究成果及结论在推广与适用范围上存在一定的制约和局限。因此，本书在剖析"契约柔性—关系要素—合作行为"内在影响机理的基础上，构建了三者间的整合关系假设与路径模型，并通过大样本统计实证方法检验了各变量间的逻辑关系，论证了工程项目契约柔性对承包方合作行为的多种影响路径。相关研究结果不仅能够从契约柔性角度解读承包方合作行为差异性的形成，还有助于阐释合作行为前因的关系要素，深化"契约柔性—关系要素—合作行为"的理论研究。

2）现实意义

首先，深化工程项目契约柔性要素认识，推动项目实践中契约柔性的注入与构建。本书对工程项目契约柔性内涵、维度及测量的解构与探讨，有助于项目承发包各方对柔性契约的理解和把握，提升项目契约管理能力，帮助其在项目合同签订与履行过程中更好地融入有效的柔性要素，构建积极的项目契约柔性，提升项目契约应对风险或意外事项的能力水平，借助柔性的项目契约机制更有效地响应项目不确定性，强化项目整体的适应性。同时，对项目契约柔性的深入认识，能够进一步转变承发包各方间的对立思维，促进双方对项目交易关系的积极解读，以合作、共赢和互惠的态度开展各项活动，构建良性的项目契约关系，开启良性合作的循环系统。

其次，强化项目业主对项目契约治理过程与关系要素的关注，促进承发包间良性合作关系。本书对工程项目契约柔性、关系要素与合作行为构成与关系的探究，以及整体关系路径模型的构建，能够帮助项目业主更加清晰、准确地把握项目契约对承包方关系状态与合作行为决策的作用过程，明确项目契约治理工作的核心与关键要素，从而提升业主对交易过程中关系要素[公平感知（justice perception，JP）与持续信任（ongoing trust，OT）]的关注与理解，提升自身交易关系治理能力。同时，引导项目业主从交易关系的角度入手，通过正式与非正式契约关系的综合、灵活运用，构建积极的合作关系，激励承包方采取合作行为，降低机会主义行为的产生与不利影响，从而促进工程项目绩效的持续改善，确保各方目标与利益的实现。

1.1.2　本书拟解决的关键问题

本书拟通过对三个关键问题的逐步分析与探究，实现工程项目契约柔性对承包方合作行为影响机理研究。

第一，承包方视角下积极的工程项目契约柔性内涵与维度如何界定与测量。现有研究对项目契约柔性的界定存在以偏概全、过程属性关注不足、柔性指向性不明等狭义界定，缺乏有效的测量工具，不利于对构念内涵与维度的系统解读，也难以满足契约实践需求。因此，本书的首个问题在于系统界定承包方视角下积极的工程项目契约柔性的内涵与维度，开发相应的测量工具，在深化、明晰该构念的同时，为后续研究奠定理论工具基础。

第二，工程项目契约柔性与承包方合作行为间的关系要素包含哪些，彼此间的关联是什么。目前，鲜有研究深入解读项目契约柔性对承包方合作行为的影响机理，两者间的内在关联要素，以及要素间的关系。因此，本书从关系视角出发，对项目契约柔性与合作行为间的关系要素进行识别与分析，解读要素间的关系，揭示两者间的影响机理。

第三，工程项目契约柔性对承包方合作行为的影响是通过哪些路径实现的。前述两个问题研究虽逐步揭示了工程项目契约柔性对合作行为的影响机理，但尚不能有效揭示两者间的具体作用路径。同时，现有对项目契约柔性影响的研究多以定性的理论分析为主，定量研究相对较少。本书旨在通过实证研究方法，在构建工程项目契约柔性与合作行为关系假设与路径模型的基础上，进一步检验各变量间的关联，揭示工程项目契约柔性对承包方合作行为的影响路径。

1.2　国内外相关研究现状

为解答研究问题，本节基于文献计量学方法，针对管理学领域中关于契约柔性、工程项目、组织间合作三大主题的国内外研究成果进行可视化分析，对三主题间的关联性进行分析和评述。

1.2.1　契约柔性研究现状

1. 契约柔性的起源

柔性契约思想可追溯至 20 世纪中叶，新古典契约法和契约理论的形成。传统古典契约理论认为，契约是文档化的法律文本，关键是提前明确划分各方的权利、责任与利益，借助法律的强制性实现风险的规避或转移。缔约各方倾向签订复杂、详细的合同条款，为事后的可能风险或纠纷提供自我保护的法律依据，强调严格执行条款，限制内容修订，以实现对交易关系与行为的计划和控制[6]。该理论假设可以识别出所有未来交易活动，并在正式合同中加以计划和规定。在实际交易活动中，完全合同的签订很难得到应用。强调控制、约束的合同由于过于刚性，不仅需要非常大的签约投入，在履约过程中也不能很好地满足动态需求，反而容易产生冲突，甚至不得不诉诸法律程序。因此，交易各方更乐于避免烦琐的合同，转而签订"君子协议"，或精简、开放式的合同。

在此背景下，新古典契约法理论逐渐兴起，开始关注"软条款"的必要性。现有研究表明，非合同关系因素对商业活动的成功具有重要影响[13]，依据环境不断调整的合同能够更好地满足交易所需的协调与控制[14]。同时，Macneil[8]提出了关系契约理论，进一步指出古典契约法视角下离散、一次性的契约，缺乏柔性会导致严重的问题。相对地，关系要素存在于所有契约之中，交易各方乐于构建柔性的契约过程，以实现长期合作利益、维护声誉等。

另外，契约身处法律与经济的交叉领域，同样引起了经济学家的关注。其中，Coase[15]强调交易成本的存在，将契约视为一种商业行为。Antràs 综合了交易成本理论与委托代理理论，将契约视为商业的治理方式，提出不完全契约理论[16]。该理论指出，由于资产专用性、不确定性、有限理性等因素的存在，契约具有天然的不完备性，故需要更加灵活、柔性的治理机制以有效应对内外环境的变化，进而将研究重点置于契约治理机制与方式中。

综上，契约柔性的理念起源于新古典契约法，一直受到经济学家的关注。发展至今，随着关系契约理论、不完全契约理论等的不断发展与完善，逐步扩展并应用于商业、组织学习等多个领域，如 Nystén-Haarala 等[17]将契约视为商业交易过程，尝试通过交易关系实现柔性要素的注入。

2. 现有研究统计分布

契约柔性相关研究的发展历时较长，涉及多个研究领域和层次。鉴于研究资源的约束，仅采用传统文献综述方法很难实现较为系统、全面的回顾。因此，本书结合了科学计量学与传统文献综述两种方法，在科学检索、筛选文献并给予可视化的基础上，通过关键词共现、聚类分析及文献研读，系统揭示契约柔性理论的分布情况、前沿热点及发展趋势等特征。

具体来说，本书以契约柔性、契约弹性、可调整性等关键词在 CNKI 数据库中对国内文献进行搜索。结果显示，经济与管理科学领域紧密相关研究数量较少，仅为 52 篇，最早出现于 2003 年，近两年内文献数量逐渐增多。可见，国内相关研究刚刚起步，在近期开始受到关注。其中，以尹贻林和杜亚灵为核心的研究团队开展了较多的研究与探讨，主要聚焦于契约柔性内涵及其与信任、合作等构念的关系。

鉴于此，本书主要选定英文文献进行该领域的研究回顾，以 Web of Science（WOS）数据库核心合集为样本来源。该数据库包含了 8 000 多种国际上最具影响力的高质量期刊引文数据，为本书提供了可靠的样本基础。本书以如图 1.1 所示的检索规则进行样本筛选，共得到 1 571 个文献样本。其中，1990 年及以前的文献仅有 4 篇，自此开始相关文献呈增多趋势。因此，本书将研究时间设定为 1991~2017 年，共 1 567 篇文献，以此为最终研究样本个数，使用 CiteSpace 软件以 1 年为时间片段进行文献关键词共现与聚类分析。

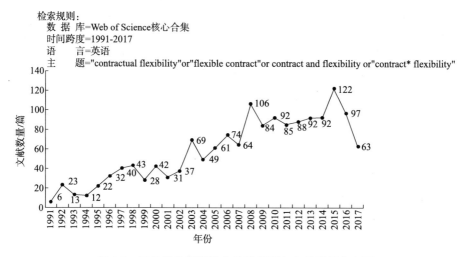

图 1.1　契约柔性研究样本检索规则与文献数量分布图

从时间分布来看，自 1991 年伊始，围绕契约柔性的文献数量虽有波动，但总体呈现递增趋势，而 2016 年与 2017 年文献数量的下降则可能源于数据库收录文献的滞后性及尚未出版的文献。另外，相关研究在一定时期出现快速增长后（如 1992 年和 2008 年），会转入相对降低的冷却期，这种现象也反映出知识的创造与吸收过程[18]。可见，契约柔性的价值正日益受到关注，与之相关的理论研究也随之增多。

从研究方向来看，文献数量超过 100 篇的研究方向主要包括：商业经济（business economics）、工程（engineering）、计算机科学（computer science）、运营研究与管理科学（operations research management science）。由此，尽管契约柔性的发展起源于法律研究，但已经广泛分布于多个研究领域，且在管理学、经济学两大领域中的发展最为迅速。

本书运用 CiteSpace 软件对 1991~2017 年 1 571 个文献样本进行关键词的共现分析，共得到 371 个关键词及 8 个聚类。进一步分析发现，8 个聚类（"flexible contract"　"contingent work"　"mass production"　"exchange rate"　"used product"　"modular discrete controller synthesis"　"empty promise"　"flexible winter severity index"）虽然在一定程度上反映了聚类的关键词，但结合文献来看，聚类的提取效果并不好，甚至与原文的核心内容存在一定的偏差，这与契约柔性研究较为分散有着较为直接的联系。相对地，关键词共现的频次图则更符合各研究的主题内容，较为客观地反映了相关研究的热点与前沿。因此，本书以关键词共现图（图 1.2）为基础开展后续的研究，以反映该领域在某一时间范围内的研究热点及前沿问题[19]。从关键词频次来看，除检索用词"contract"（119次）和"flexibility"（77 次）以外，"model"的频次最高（99 次），频次在50~90 次的关键词包括"performance"和"system"，频次在 20~49 次的关键词有 19 个，频次在 10~19 次的关键词有 29 个，其余关键词的频次均在 10 次以下。由此证明，现有契约柔性的相关研究内容或主题较多，关注点较为分散，且呈现出碎片化的分布特征。

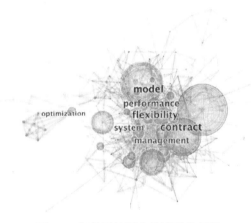

图 1.2　契约柔性研究关键词共现图

3. 现有研究主题分析

　　结合关键词聚类、中性度、突变率、关联性等分析发现，契约柔性的研究热点可归纳为三类关键词聚类群组。第一类群组围绕"契约柔性的形成等"基础问题展开分析，包括"risk"　"uncertainty"　"policy"　"market"等。第二类群组研究的是契约柔性的维度、前置与后置影响因素，包括"measurement"　"renegotiation"　"incentive"　"trust"　"commitment"　"impact"　"financial performance"　"firm performance"等。第三类群组是包含样本量最大的群组，核心关键词包括"design"　"optimization"　"model"　"system" "cost" "information" 等，重点探究的是"雇佣合同、采购/供应合同及工程项目合同的柔性设计与构建问题"，研究如何将柔性要素注入正式与非正式契约中。其中，劳动力市场雇佣合同柔性的关键词包括"employment" "temporary job" "flexible labor"；供应链领域的采购/供应合同柔性关键词包括"supply chain" "quantity flexibility" "supply contract"等关键词；各类工程项目契约柔性关键词包括"infrastructure project" "electricity market" "construction project"等。

综上分析，契约柔性的理论研究起源于法律的应用与实践需求，主要以委托代理理论、交易成本理论、不完全契约理论与关系契约理论为基础理论，现有理论成果围绕三大主题展开，具体如下。

1）驱动因素

契约柔性思想的提出是为了弥补传统刚性契约的劣势，即总有不确定性因素是合同无法控制的。Nystén-Haarala 等[17]指出，传统刚性契约过于强调自我保护与规避风险的需求，限制了交易行为和适应性。随着市场环境动态性的日益增强，交易过程中的不确定因素也变得多样、复杂。正式合同可以对部分不确定性因素进行识别、计划和控制，却不能预见所有潜在风险，也不能确保预设的应对措施能够符合未来需求[20]。因此，需要构建一种柔性的契约机制，实现对内外环境变化的快速、灵活响应与持续互动[21]。

此外，交易各方间的长期合作需求也需要柔性契约的支持。相对于短期合作下的对立关系，长期合作关系中的各方更关注长久共同利益的达成与风险的合理分担，合作共赢成为交易的核心，而不是单纯的逐利和风险转移[22]。为了更好地适应长期合作中可能出现的风险、不确定性，交易各方需要建立一个持续、动态、可调节的契约关系[23]，通过柔性契约的签订与履行，寻求共同利益以及彼此间的紧密合作[24]，为交易带来持续的盈利、良好关系，甚至联盟优势等。

2）前置与后置影响因素

契约柔性前置因素的研究相对有限，相关成果呈现出离散的状态。研究多从狭义视角出发，探讨企业层次组织间正式合同的柔性，关键词包括"reputation" "risk appetite" "payment" "intelligence" "trust" "relationship" "contract template" "complexity"等，可归类为交易主体因素、交易关系因素和环境因素。

（1）交易主体因素。作为契约签订与履行的参与者，交易主体因素对契约柔性的水平有着重要影响。其一，主体的良好市场声誉是柔性契约形成的重要前提，声誉越高表明交易对象越可靠，降低由于信息不对称而产生的不安全感，双方诉诸法律来解决纠纷的概率会降低，采取高柔性契约的可能性越大[25]。其二，交易主体风险偏好的不同会影响契约柔性的水平。风险规避的交易方倾向以详细、明确的条款来转移风险，而不是采用柔性更大的契约形式。风险接受主体则会尝试灵活的契约调整机制，以应对未来的不确定事项[26]。其三，买方支付能力的高低会影响契约的可调整程度。买方较强的支付能力能够给予卖方更多的安全感，使其相信履约能够获得相应的报酬，更愿意签订柔性程度更高的合同[27]。其四，卖方资质与能力。愿意并有能力购置买方专用资产的供应商更能获取买方认可，双方也更容易达成较为灵活的契约关系[28]。

（2）交易关系因素。关系契约理论表明，交易关系因素是构建非正式契约的重要基础。这种关系要素的注入体现为良好合作经历对再次交易的促进，以及柔性合作关系的塑造。同时，关系资产的投入有助于降低运行成本，减少事后不必要的调整，提升履约灵活性[29]。另外，交易各方的非正式或私人关系也有助于契约柔性水平的提升。合同柔性的融入在很大程度上依赖于交易双方的私人关系[17]。通过良好的关系治理能够有效提升合同的开放程度[30]。

此外，信任作为衡量关系程度的重要因素，对契约柔性的促进作用得到了大量学者的认可和证实。信任的存在使得交易一方相信对方会维护自己的利益、努力提升项目价值，因此降低对刚性合同的诉求，愿意设置灵活、开放式的契约空间，提高争议契约条款的处理效率[31]。同时，信任有助于交易各方伙伴关系的形成，进而有利于开放式合同、"君子协议"的签订与维护[32]。相反，若交易各方间彼此的信任程度较低，通常会诉诸较为严密、复杂、尽可能完备的合同，以确保权、责、利的明确划分。

（3）环境因素。从外部环境来看，市场或资源环境的不确定性、动态性越强，交易活动潜在的风险越大，交易各方为了促进合作、规避成本较高的法律诉讼或纠纷处理，更倾向签订并履行高水平的柔性契约[33]。劳动力市场变动的增加会促进临时短期合同的签订[34]。同时，认为环境不确定性的增加对信息交换量提出了更多的需求，也就更需要以灵活的契约为基础，实现决策的快速、有效[21]。此外，合同模板或规制约束了契约内容能力的提升，在一定程度上限制了契约柔性构建的可选择策略，以往的合同范本可能不适用于当前交易活动，而新合同范本的开发通常需要较多的时间与资金投入，新的、柔性程度更高的标准化范本很难建立[17]。

从内部环境来看，交易内容或活动的复杂性也是影响契约柔性水平的重要前因。若交易内容所花费时间较长，需要复杂技术和大量资金的支持时，各方会更加慎重地考量具体条款设计与履行，尽可能将多种可能情况纳入契约中，以灵活的规则给予应对。例如，复杂、持续期较长的契约需要能够处理不断变化的需求与意外事项，更强调柔性机制的构建[35]。再谈判条款的设置能够显著提升柔性水平，并在复杂项目中提升方案的帕累托最优效果[36]。

另外，文献关键词共现频次结果显示，现有研究多以绩效为结果变量，探讨契约柔性的影响。以"performance""financial performance""firm performance"

等为研究关键词的文献数量多达 137 篇，均属于高频关键词。结合内容来看，契约柔性对绩效的积极作用，可从风险共担、激励两个视角进行解读。

（1）风险共担。契约柔性的提出与应用正是基于风险/不确定性应对、长期合作关系构建的需求。因此，从风险共担视角解读契约柔性的积极作用成为现有研究的主流。该视角指出，合同柔性给予交易各方有效转移风险的空间，进而有利于整体绩效的提升[37]。同时，契约柔性的注入为风险分担机制的运行提供了保障，允许动态交易过程中风险事项与剩余索取权的灵活、再次分配，降低机会主义行为发生的可能性[38]。此外，在履约过程中的再谈判为交易中的变更、索赔等风险分担问题提供了缓释空间，有利于双方对交易价值的维护与提升[39]。

（2）激励。该观点认为契约柔性对绩效的影响体现为补偿机制（价格、数量、所有权等）的构建。首先，通过价格补偿机制构建的柔性公路特许经营合同，能够对私人部门起到显著的激励作用[40]；其次，控制权的让渡能够让更有优势的主体承担不确定性应对责任，在一定范围内允许其自行处理，提升了对不确定事项的处理效率[41]；最后，价格柔性与数量柔性能够实现对承包方的动态激励，进而提升履约绩效[42]。

3）构建途径

在三大核心议题中，契约柔性的构建是热点议题，取得了最为丰富的研究成果。从研究领域来看，主要集中于工程管理领域的项目合同、人力资源管理领域的员工雇佣合同、供应链管理领域的采购/供应合同三类契约的柔性构建。其中，前一个领域主要分布于管理学研究，后两个领域则以经济学理论为基础。

首先，随着项目管理理论研究与应用的飞速发展，契约柔性的思想得到了工程项目领域，尤其是软件外包项目与工程建设项目领域研究者与实践者的重视。该领域的研究在探讨合同内容不同柔性机制设置的同时，更强调交易各方关系要素的重要性。例如，良好的谈判能力与技巧有助于柔性项目契约的设计[17]。包括关系能力在内的缔约能力是实现项目契约柔性的重要基础[43]。

具体来看，在充满不确定性因素的工程项目领域，学者们尝试从合同内容与交易关系两方面构建契约的柔性机制。在合同内容方面，通过项目款项支付计划提升项目合同的柔性设计[27]。同时，通过不完全的合同设计，也可实现最优契约的柔性提升，以降低事后柔性成本[44]。在交易关系方面，现有研究表明，重复交易下显性与隐性合同的有效结合可以提升成本加成合同的柔性[45]。另外，在软件外包项目中，契约柔性是影响项目成功最重要的因素[46]，尤其是能够影响离岸软件外包项目合同计划、管理及执行的效率[47]。相应地，交易各方可通过恰当的激励与奖惩条款、关系柔性等促进项目合同柔性的提升，降低事后成本[48, 49]。

其次，为适应经济全球化、劳动力市场动态性、柔性工作安排、员工流动等新情境，人力资源领域的学者提出，通过柔性的薪酬机制、临时工合同两种途径，实现雇佣合同的柔性设计，以激励员工、稳定人员构成。同时，也有研究指出，柔性契约是区分雇佣类型的有效依据[50]，而薪酬价格柔性对微观经济的稳定性有着重要影响[51]。

供应链领域的契约柔性以采购/供应合同定价柔性，以及订货数量柔性的构建为核心，通过期权定价、数量模型等定量模型方式，探究合同的设计问题。其中，合同定价主要包括价格的灵活调整、动态适应，抑或最优定价策略等问题。例如，Kryvtsov 和 Vincent[52]建立了临时交易情境下的宏观经济模型，用以探讨交易各方的收益情况。在合同数量柔性方面，多数研究以大规模生产企业为对象，探讨订购量的最优决策。例如，Cai 等[53]建立了二阶段的柔性采购合同订货数量模型，通过分阶段订货实现对变化的及时更新与灵活调整。Chung 等[42]兼顾了合同数量与价格柔性，探讨了面对各提供一种柔性的供应商时，采购者如何实现决策最优的问题。

1.2.2 工程项目研究现状

1. 国外研究现状

工程项目一直受到多个领域学者的关注，本书聚焦于项目管理和治理领域，因此，主要从管理学的视角对国内外的现有研究进行系统回顾，即以"construction project" "construction engineering project" "constructional project" 为检索词在 WOS 数据库中进行文献搜索，共得到 4 159 个英文文献样本。

从时间分布（图 1.3）来看，工程项目的相关研究可追溯到 20 世纪 80 年代。先后于 1991 年（11 篇）与 2003 年（101 篇）文献数量出现激增，尤其是 2012~2016 年，每年发表量均在 300 篇以上，呈现出快速增长趋势。这表明工程项目领域的相关研究正日益受到学者们的关注。

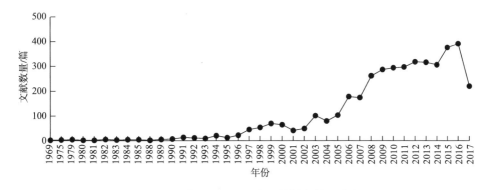

图 1.3 国外工程项目研究文献样本数量分布

从研究类别来看，文献量超过 300 篇的类别共有 5 个。除去总类型

"engineering"（2 499 篇），建设技术（construction building technology）方向的研究成果最多，是第一大类（1 228 篇），第二位是以商业经济（business economics）为视角开展的相关研究（919 篇），计算机科学（computer science）则排在第三位（836 篇），运营研究管理科学（operations research management science）则位居第四（396 篇）。这表明，国外工程项目领域的学者们有着丰富的研究视角，从不同的角度探讨该类项目中的问题。

从研究主题来看，本书运用 CiteSpace 软件对文献样本进行关键词聚类分析（图 1.4）发现，2005 年至今，从产业供应链的视角探究工程项目中企业间合作、上下游协同等问题成为国外相关研究的热点，取得了丰富的研究成果，成为第一大聚类，其内部又包括供应链计划与管理问题、分包商选择决策问题等[54]。项目时间规划问题近年来较受关注，成为第二大聚类主题，该主题的研究更为细化，聚焦于项目中某一任务或活动的时间管理，尤其是对项目风险应对时间的管理与计划问题，以及项目延迟的起因、影响因素、解决策略等，均成为近年来的前沿热点[55, 56]。

图 1.4　国外工程项目研究关键词共现聚类图谱

作为第三大聚类，工程建设项目关系管理这一议题是近年来的新兴热点。该主题从项目中不同主体间的关系维度出发，研究正式或非正式关系在项目环境中的影响。整体来看，关系要素对项目绩效、参与者间的合作、团队知识共享等均存在积极影响，有助于降低沟通障碍、提升合作绩效[57, 58]。另外，合同管理也是近年的新兴研究热点，围绕项目中各类契约形式或机制开展研究，特别是关系契约的提出与完善，为项目参与主体间的交易关系提供了新的理论基础。该议题的研究与项目风险管理紧密结合，强调合同风险的重要地位[59]，并以风险的识别、监管、控制等为核心，探究如何通过合同或契约的设置（如时间缓冲区的设置）实现风险的应对[60]。相对地，工程项目成本管理的研究虽然数量较少，但一直以来都是该领域研究关注的重点，围绕成本控制的影响因素[61]、解决视角或策略[62]等问题开展相关研究。

综上，国外文献样本所涵盖的主要研究议题包括项目时间规划管理、项目采购或价格管理、项目成本管理、项目绩效管理、项目供应链管理、项目合同管理、项目利益相关者管理等。可见，项目管理传统的三大核心议题（即时间、成本与质量）在工程项目领域具有重要地位。项目风险及其管理问题则广泛分布于其他各议题内部，风险视角成为该领域的重要内容。同时，项目合同管理与项目利益相关者管理已成为近年来国外该领域的新兴议题，推动着项目管理从项目层次向企业治理层次的发展与演进。

2. 国内研究现状

以"工程建设项目"和"建设项目"为检索词在 CNKI 数据库搜索被 SCI（Science Citation Index，科学引文索引）、CSSCI（Chinese Social Sciences Citation Index，中文社会科学引文索引）和 EI（The Engineering Index，工程索引）所检索的期刊文献，以及硕博论文，共得到 1 088 个中文文献样本。初步分析发现，国内工程项目的相关研究可追溯到 1994 年，到 1998 年前后，相关研究出现了快速的增长，开始受到国内学者们的关注。截至 2016 年，该领域的文献年发表量虽有不同程度的波动（图 1.5），但始终在 40 篇以上。相较于国外，国内的文献样本量较少，这可能与本书对文献筛选的规则有关，但为确保对高质量研究文献的分析，该样本量也基本反映了当前国内研究的情况。

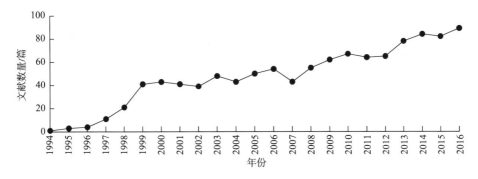

图 1.5　国内工程项目研究文献样本数量分布

　　从文献样本关键词共现聚类结果（图 1.6）来看，当前国内相关研究的核心议题主要包括项目风险管理、项目融资管理、PPP 项目管理与合同管理。其中，首先，项目风险管理是其他主要议题所重点关注的内容，相关议题涵盖了交易双方间委托代理关系而产生的信息不对称问题、风险评估、风险预测及应对等[63, 64]。其次，在项目融资管理方面，相关研究主要对融资的方式，融资中的风险、模型等[65, 66]问题开展探讨。再次，在国家政策引导及实践需求的驱动下，PPP 项目管理主题的研究成果也较为丰富，且多结合国内公共工程项目的实践情境开展多种主题的探讨。例如，李晓东[67]提出依据融资、建造和经营三个因素的组合来确定最佳的 PPP 模式方案。朱振和王行鹏[68]聚焦于 PPP 模式中公私合作双方在项目中的投资、融资比例问题，探究如何促进私人资本的有效注入。最后，国内工程项目合同管理的议题包括项目合同条款的具体签订问题、项目各方间正式与非正式契约关系问题、项目合同治理机制或结构问题等。旨在探求如何通过合同条款内容、治理机制、结构设计等途径，更好地实现不确定性或风险应对、行为监控、人员激励三大核心目标。其中，契约关系的价值得到了多数研究的重视与检验，指出柔性合同能够实现对项目风险的合理分担[69]，形成对承发包双方的激励，促进项目成功[70]。除了正式的合同外，非正式的契约关系同样也是该议题的重要内容[71]。多数研究表明，非正式契约、关系质量、心理契约等均能够形成对项目各方的有效激励，推动双方良性合作，提升项目价值[72, 73]。

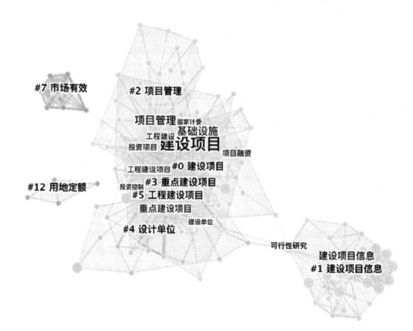

图 1.6　国内工程项目研究关键词共现聚类图谱

1.2.3　组织间合作研究现状

1. 国外研究现状

随着经济全球化、市场竞争激烈化等新情境、新变化，越来越多的企业开始
走上合作、联盟的道路，组织间的合作趋势日益增长。相应地，组织间合作
的相关研究也逐渐受到学者们的关注。鉴于相关研究主题、层次等较为丰
富，为更为明确、清晰地聚焦组织间行为研究，本书以"inter-organizational" and
"collaboration" or "cooperation"为检索词在 WOS 核心数据库的"management"
领域进行英文文献检索，共得 6 527 份文献样本，样本分布如图 1.7 所示。

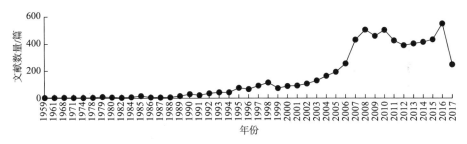

图 1.7　国外组织合作相关研究样本文献分布

国外学者对组织间合作的研究可追溯到 1959 年，到 1991 年前后，相关研究
逐渐增多。进入 21 世纪后，研究呈现出激增趋势，年发表量突破百篇，2007~
2016 年文献量始终在 400 篇以上。可见，国外学者对组织间合作关注起步较早，
取得了较为丰富的成果，组织间合作问题成为当前的研究热点。

对文献样本进行聚类（图 1.8），结果显示，国外组织间合作研究的主要议
题包括组织间信任/关系管理、创新、组织间知识管理、技术创新及获取。

首先，组织间信任/关系管理研究最为丰富，涉及组织间信任、承诺、正式
与非正式的契约关系、合作模式等。现有研究证实，组织间的合作需要通过正式
与非正式控制措施给予治理[74]。同时，多组织间的复杂关系形成了组织间的关
系网络，该网络的有效运行离不开彼此间的承诺与依赖[75]。可以说，组织间的
信任已成为各方成功合作的关键性资源[76]。组织间的正式与非正式关系的结合
及研究已受到众多领域学者的关注。

创新与组织间知识管理两大主题彼此相互关联。知识管理视角为组织间合作
创新、网络协同等议题的深化与完善提供了有力的理论支持。首先，组织间的创
新活动需要企业间的协同，彼此交换信息、技术等知识资源[77]。其次，为了保
证知识流动的规范性与有效性，信任与合同成为组织间合作创新的基础[78]。此

图 1.8 国外组织间合作研究关键词共现聚类图谱

外,也有研究指出,组织间良性竞争与合作的平衡,是企业创新与知识管理的重要影响因素,有利于创新绩效的提升[79]。

技术创新及获取等议题也较为丰富。其中,从供应链角度探究产业链条中各企业的合作模式、方式、内容等问题的研究是主要研究热点。现有研究发现,与竞争者的合作有利于产品创新和共赢[80],合同类型、补充程序的时间和范围等提供了有效的协作机制[81],促进组织之间合作的可持续性[82]。

整体来看,国外相关研究一方面将组织间合作重点从传统的合同、协调机制等正式契约关系,转向关系契约、信任、承诺等组织间的非正式契约关系,探讨软要素对组织间合作的重要价值。另一方面,知识管理视角成为当前多数研究的理论基础,以求推动组织间,甚至企业网络间的合作创新。

2. 国内研究现状

鉴于组织间合作相关研究成果较为丰富,涵盖内容较广,为更有针对性地开展分析,为后续研究提供直接有效的理论支撑,本书聚焦组织间合作,以"组织合作"或"组织间合作"为主题词、关键词,在 CNKI 数据库搜索被 SCI、CSSCI 和 EI 所检索的期刊文献,以及硕博论文,共得 658 份文献样本,样本时间分布如图 1.9 所示。

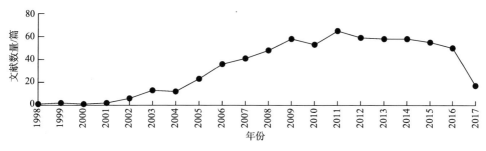

图 1.9　国内组织合作相关研究样本文献分布

　　相较于国外研究，国内较高水平的组织间合作研究成果出现的时间较晚。这表明，国内研究尚处于起步阶段，有着较大的发展空间，有待国内学者的进一步深化。从文献样本关键词共现聚类结果（图 1.10）来看，国内关于组织间合作研究的议题主要包括知识共享、知识链、网络能力、社会组织及供应链。

#4 供应链

非营利组织

合作

影响因素

#1 知识链

信任

#2 网络能力 合作创新

组织间合作 #0 知识共享

#3 社会组织

图 1.10　国内组织间合作研究关键词共现聚类图谱

知识共享近年来成为国内学者关注的重点议题。国内的相关研究主要融合了知识管理视角，从知识转移、产学联盟、同质异质组织等多个角度探讨了组织间合作创新的相关问题。知识被视为一种可再生资源，其流动能够有效地促进组织间合作的可持续创新[83]。同时，关系治理也成为相关研究的重要视角，旨在从治理层面，探究通过组织间关系的改善与维持，降低合作障碍或冲突[84]，进而有效促进知识流动、共享等活动，以实现合作创新。

知识链研究关注了组织间正式治理、机制协同、关系营销、契约治理、关系质量等，现有研究主要以交易成本理论、资源依赖理论、社会交换理论、利益相关者理论、战略选择理论及新制度主义为基础理论，开展相关问题的探讨[85, 86]。随着国内电子商务平台的飞速发展，该产业内组织间的合作也引起了学者们的重视。例如，沈晓宽等[87]聚焦于组织在线合作能力的建立，从技术和管理整合视角，探讨如何构建在线能力。

网络能力议题引入了社会网络治理等理论，从企业组织构成的网络来探究组织间的合作问题，如技术联盟、创新网络、协同效应等。现有研究表明，资源基础理论、社会网络理论、创新理论及战略管理理论等，能够为解读网络合作能力提供有力的理论支撑[88]。网络能力的形成不仅需要正式的制度基础，还需要组织间的关系嵌入[89]。同时，高水平的网络合作能力能够为企业的协作创新、产品创新等创造有利条件，有效促进创新绩效。

社会组织这一主题不仅讨论营利性组织，还关注非营利性组织的合作问题。随着近年来社会组织与企业间跨部门合作新模式的兴起与应用，政府-市场二元格局得到了进一步丰富和发展。非营利组织在经济与社会生活中的地位得到重视[90]，并针对该类组织合作的风险、创新等问题开展了一系列研究[91]。

供应链中组织间合作则从产业链上下级的角度，探讨价值链的合作共赢、资源的有效分配、供应网络结构等。研究表明，供应链内企业间的知识流动与共享等行为，能够促进彼此间的合作共赢，实现产品、流动、制度等方面的创新，推动跨组织合作，实现企业合作绩效或项目价值的增值[92, 93]。

综上分析，组织合作的国内外相关研究的主要议题类型基本一致，这一方面表明组织间合作的相关议题已普遍得到国内外学者们的关注与重视，同时也表明国内相关研究紧跟世界理论发展的前沿，且与国内管理实践需求紧密结合，为进一步深化研究奠定了较为坚实的理论基础。

1.2.4　研究评述

第一，在概念内涵方面，契约柔性的探究由来已久，但契约柔性内涵与维度结构尚不清晰，缺乏有效的测量工具。

契约柔性的概念与研究由最初的法学领域逐渐扩展到现今的经济、管理等多个领域，研究覆盖了驱动因素、前置及后置因素与构建途径等多个方面，相关问题日益受到学者们的关注。这为相关主题的深化研究奠定了丰富的理论基础。现有研究对契约柔性内涵的解析、内在结构的解读尚不清晰，导致对构念内涵的理解模糊，甚至形成错误认识。具体来看：①由于缺乏对应用情境的挖掘，契约柔性被等同于合同柔性，进而将价格、数量或不完全程度的柔性等同或替代契约柔性[94]，导致了以偏概全的狭义解读。②对于契约过程属性关注的不足，未能反映契约执行过程中柔性的表现、价值与多样性，与契约的实际运用间存在偏差，对实践指导效力有限。③默认契约柔性水平对交易各方是等同的，即柔性指向性不明。结合实际来看，不同交易方对契约的柔性程度有着差异性的判断，如从承包方角度来看，固定价格合同与可调价合同分别被视为刚性和柔性合同的代表，但对业主来说，固定价格合同却是应对潜在变化的最优选择，更具有柔性效力。可见，契约柔性应当是具有指向性的。④现有研究并未有效构建契约柔性的测量工具，仅将柔性的某些内容表征作为衡量柔性的标准，研究结果的有效性有待检验与商榷。综上，鉴于项目主体间对契约柔性认识的差异性，以及在实践中业主对过度刚性契约的运用，本书立足于工程项目契约签订及运用过程情境，探究承包方视角下契约柔性的外在表征，揭示积极项目契约柔性的内涵与维度结构，开发测量量表工具。

第二，在契约属性方面，工程项目合同/契约成为热点议题，但对合作行为影响机理的解读仍存在差异化观点，有待深入挖掘。

工程项目相关研究表明，项目风险管理、合同管理等已成为当前的新兴与热点议题。这与工程项目固有的不确定性、复杂性等密不可分。为确保项目时间、成本、质量，有效应对项目风险，项目正式与非正式契约成为支持、协调和优化各方交易关系与合作，提升项目整体绩效的重要机制。现有研究多从合同属性视角出发，探究合同、关系与项目绩效或行为间的关系，形成了差异化的观点。一些学者发现，合同的控制性抑制了合作行为，有损交易关系和项目绩效；另一些学者则从合同协调性出发，认为合同的协调作用支持了各方关系的发展，能够促进项目绩效。结合项目合同来看，通常很难判断某一合同条款是起到了控制性作用还是协调性作用。相反地，在充满不确定性的工程项目情境中，各条款往往同时兼具着控制与协调功能，才能适应内外环境的动态变化。因此，本书从契约对环境适应能力属性出发，以项目契约的柔性解析项目契约与合作行为的内在关系，在研究切入点的同时，深化工程项目契约柔性对合作行为的影响机理研究。

第三，在研究视角方面，关系视角成为解读组织间合作形成与前因的有效视角，但关系要素的多样化及彼此间的复杂联系，有待结合具体研究问题开展进一步的探讨。

国内外组织间合作相关研究的回顾表明，在当前知识经济新环境下，组织间的交易已从单纯的竞争，逐渐转变为合作共赢模式。学者们从早期针对组织间正式合同协议的探讨，也逐渐转向组织间非正式契约关系，关系或关系契约视角下组织间的合作问题已成为当今的热点议题。相应地，在如何促进组织间更好、更有效开展合作的问题上，关系要素（如信任、公平、承诺、沟通等）对组织间合作的显著影响已得到学者们的肯定与论证，成为解构组织间合作形成或前因的重要因素。尽管现有研究已证实了多种关系要素对组织间合作的影响，但要素的具体构成及其内在联系因研究问题、情境等方面的不同而呈现差异化。因此，本书结合工程项目情境，从关系视角出发，在充分考虑项目契约与合作行为内在关系属性的同时，探究契约柔性与承包方合作行为间的关系要素构成及彼此间的内在联系，有效解构工程项目契约柔性对承包方合作行为的影响机理。

1.3　本书结构与研究内容

1.3.1　主要研究内容

为有效回答研究问题，深化工程项目契约柔性对承包方合作行为的影响机理研究，本书设计了以下6章内容。

第1章为绪论。该章从现实和理论两个层面分析选题的研究背景与意义。随后，通过对契约柔性、工程项目及组织间合作三大研究领域的研究成果的回顾、分析、总结与评价，系统把握现有研究成果，提出本书拟解决的关键问题、研究内容、研究方法与关键技术路线。

第2章为理论基础与本书研究框架。该章首先阐述指导后续研究分析的基础理论，即不完全契约理论、关系契约理论与社会交换理论。其次，依次回顾项目契约柔性、工程项目合作行为、组织间关系要素的相关理论成果，以明确各核心构念的内涵、测量、形成、前置与后置影响因素。最后，以理论为基础，构建本书的研究框架，为后续研究奠定坚实的理论指导。

第3章为工程项目契约柔性构念界定与测量。该章采用扎根理论研究方法对工程项目契约柔性的内涵及维度进行探索与构建，系统解析该构念的本质特征，构建概念模型。以概念模型为指导生成初始测量题项，通过大样本统计分析对题项进行净化，检验各题项及测量量表的信效度，实现工程项目契约柔性测量工具的开发与检验。

第 4 章为工程项目契约柔性对承包方合作行为影响机理研究。该章通过多案例研究,分析典型案例中关键事件,揭示"契约柔性—关系状态—关系行为"三者的具体表现形式,进而识别关系状态的具体构成要素,分析"契约柔性—关系要素—合作行为"间的内在关系,解读工程项目契约柔性对承包方合作行为的影响机理。

第 5 章为工程项目契约柔性对承包方合作行为作用路径研究。该章基于案例研究的结果与相关理论,构建项目契约柔性与承包方合作行为间关系假设与路径模型。采用结构模型实证统计等研究方法,以大样本数据为基础,对各关系假设进行验证,解释工程项目契约柔性如何通过关系要素影响合作行为,解析项目契约柔性对承包方合作行为的影响路径。

第 6 章为结论与展望。该章对研究的发现进行系统的归纳与描述,详细阐释本书的理论贡献与主要创新点,同时对本书研究可能存在的局限进行说明,提出对未来相关研究的展望。

1.3.2　研究方法与技术路线

为形成对拟解决关键问题系统、有效的探究,本书综合采用了多种定性与定量研究方法,具体方法及技术路线(图 1.11)说明如下。

第一,文献共词图谱分析与文献研读法。首先,本书通过对契约柔性、工程项目及组织间合作三大研究领域研究成果进行关键词共现分析,在系统把握相关研究整体研究脉络、当前热点主题等的基础上,对国内外相关研究进行评述,进而明确本书所关注的核心议题与主要内容。其次,通过对基础理论、项目契约柔性、组织间合作行为及关系要素的相关理论进行研读,奠定本书的理论基础,形成指导后续研究的整体理论框架。

第二,访谈调研与扎根理论研究方法。基于理论指导,以调研访谈为核心获取相关研究数据,进而采用扎根理论研究方法对研究数据进行探索性研究,解读工程项目契约柔性的内涵、维度结构及指标范畴,形成工程项目契约柔性的测量题项及工具量表。

第三,多案例研究方法。基于相关理论及项目契约柔性概念模型,选取典型企业开展案例调研及数据收集工作,并针对各案例中的典型、关键事件进行系统分析,在揭示案例内"契约柔性—关系状态—关系行为"外在表现、要素构成与影响关系的基础上,进一步开展跨案例分析,以构建三者间的影响机理模型。

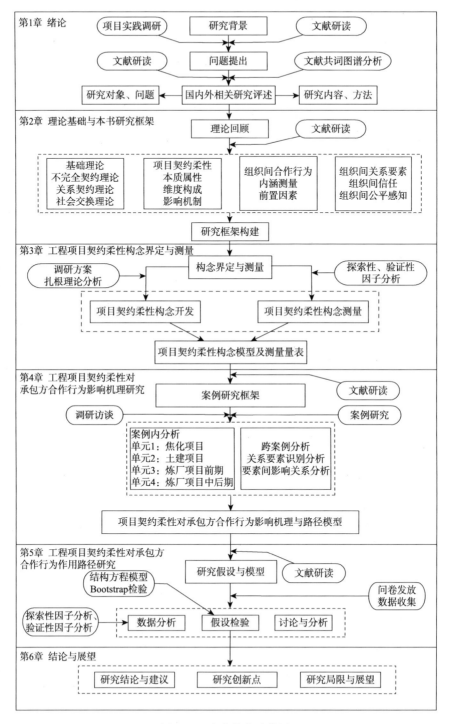

图 1.11　本书技术路线图

第四，实证统计分析方法。本书主要采用探索性因子分析（exploratory factor analysis，EFA）、验证性因子分析、结构方程模型、Bootstrap 检验等方法，依次用于工程项目契约柔性测量量表的开发与检验，以及"契约柔性—关系要素—合作行为"关系假设模型的大样本验证分析，形成对相关测量工具、内在关系假设的一般性、普适性验证，以提出科学、有效的研究结论。

第 2 章　理论基础与本书研究框架

2.1　基　础　理　论

2.1.1　不完全契约理论

1. 理论渊源

不完全契约理论的形成与提出源自对古典契约理论、新古典契约理论完全契约这一基本假设和条件与现实间差异的反思。随着社会经济的不断发展、交易关系及过程的日益复杂等内外环境的变化，人们越发认识到完全契约理论的实践局限性。在现实经济活动中，契约更多体现的是不完全性。首先，交易主体的理性是不完全的，甚至是非常有限的。这导致签约阶段所识别的未来可能与实际间存在差异，甚至完全不同，无法指导后续工作；其次，由于交易成本的存在，追求契约的完全性是不经济的；最后，在履约阶段契约并不能提供十分详细、清晰的规则，而第三方的引入也很难解决[95]。换言之，在实际的经济交易活动中，各方签订的契约总是存在遗漏、缺口、模糊或有歧义之处。实际的契约内容无法涵盖所有未来可能性，也不能详尽所有可能的应对方式、责任和权利，甚至无法用语言或文字清晰描述，进而也难以诉诸第三方给予解决[96]。因此，契约的应用必然需要在事后进行适当的调整，由此契约不完全性的概念及理论得以形成，逐步发展为现代契约理论的核心[97]。

新制度经济学中的交易成本经济学（transaction cost economics，TCE）和产权理论构成了不完全契约理论的基础[95]。其中，交易成本经济学的代表Williamson 最早提出了新制度经济学的概念，从个体有限理性的角度出发分析了契约履行过程中的各类成本。Williamson 指出，交易的次数、不确定性与资产专用性是决定契约交易费用的重要因素。正是有限理性和交易成本的存在，交易各方无法签订完全契约，这也使得缔约者有机会主义行为的可能性，导致交易效率受损或失败。该理论强调依据契约交易成本的差异，应当匹配相适宜的治理结构或模式，以激励机制、行政控制等方式给予应对[98]。

另外，产权理论则以 Grossman 和 Hart（1986 年）、Hart 和 Moore（1990年）的一系列研究所集成的 GHM（Grossman-Hart-Moore）模型为代表，开启了不完全契约理论的系统研究。GHM 模型同样认可交易成本的重要性，并进一步提出第三方的不可证实性、专用性投资也是契约不完全性形成的重要因素[97]。为了能够在契约无法或未能涵盖的范围内实施有效的处置，GHM 模型强调了"剩余控制权"的有效配置。通过该权力的配置，构建一种激励机制，形成对双方的事前关系专用性投资，并以此来避免"敲竹杠"行为导致的投资不足问题。GHM 模型提出后，学者们从多个方面扩展这一高度抽象的理论模型，不断地丰富和发展不完全契约理论。其中，Benjamin Klein 对不完全契约的理论构建与解读是较为系统和完整的，对不完全契约的成因及影响、机会主义行为的产生与治理、契约条款的设计与履行、不完全契约的理论与实践等问题进行了较为全面的探究，为后续研究的不断深化与扩展提供了坚实的理论框架和指导价值[99]。

2. 成因与影响

不完全契约的成因一直是学者们的研究重点。最早提及契约不完全性的 Coase 认为，正是预测的困难程度使得交易各方更倾向长期契约的稳定性。Williamson 和 Hart 等学者强调了有限理性与交易成本对契约不完全性的影响，总结出三类成本因素：其一，预见成本，指的是由于有限理性而不能预见未来所有可能状态；其二，缔约成本，即预见未来可能状态，将其写入契约条款太难或成本太高；其三，证实成本，即虽然契约的重要信息对交易双方是可见的，但对于第三方来说是很难证实的[100]。Alan Schwartz 从法律的角度，对契约不完全性的起因进行了总结：其一，契约语言不清晰或模棱两可；其二，缔约当事人的疏忽导致契约中未能写明某些事项；其三，为解决某一问题而实施缔约的成本超出了问题解决所获得的收益；其四，交易各方间信息的不对称性；其五，当交易一方形成垄断经营偏好时，容易导致契约的不完全性[97]。

在探究不完全契约成因的同时，学者们也深入剖析了不完全性所带来的影响。多数研究表明，契约天然的不完全性使得契约本身不可避免地存在一定漏洞，事前的专用性投资无法准确、详细地涵盖在契约之中，这在一定程度上使得事前的最优契约失去效力，增加了违约的可能性，导致交易投资的无效。当自然状态发生时，投资的一方很可能要面对"敲竹杠"或"寻租"的风险。因此，作为理性的投资人在意识到"敲竹杠"或"寻租"风险时，则很可能会做出投资不足的行为[99]。

具体来看，"敲竹杠"是交易主体的一种机会主义行为，指的是交易中的一方利用不完全契约中或再谈判过程中的漏洞，将契约条款按照利己的方式进行解读，进而占用准租的行为[101]。可以说，契约的不完全性为交易主体的机会主义行为提供了可能，使该行为得以实现的关键在于专用性资产。专用性资产，指的是当被用于特定用途后，将无法再被移作他用的资产，主要类型包括物质资本专用性、场地或区位专用性、人力资产专用性、指定性专用性及时空专用性。当交易的一方做出了某项专用性资产投资后，由于该资产难以再做他用，该交易方就被"套"在了该交易之中。若交易无法实现，将会给该投资方带来损失。另外，若交易另一方支付的价格下降，由于投资已经存在，其所获得的收益并不会减少，形成占用准租行为，侵占了投资方的一部分利益。投资方由于担心对方的"敲竹杠"行为，很可能会通过减少资产投入而反向寻租，即交易方既可以借用专用性资产的"套牢"效应，通过不完全契约的再谈判威胁对方，实现准租的占用；也可以在投资阶段利用契约漏洞，减少专用性资产的投入，来实施"敲竹杠"行为。无论哪种行为，不完全契约都是根本原因，导致投资失效、再谈判成本增加等多种问题[101]。

3. 不完全契约的应对

首先，法学领域的干预机制。法学领域的学者认为，国家或司法层面的立法、司法程序的有效设计在一定程度上可以弥补不完全契约所导致的交易无效。例如，缔约成本可以通过国家创设的默示规则在一定条件下实现有效降低；因为不可证实条款通常不会被写入契约中，故司法机构以可证实契约条款为基础，强制执行交易活动；而针对预见成本，司法机构则可以通过"认可"或"否认"契约条款，促使交易各方更好地交流信息[102]。

其次，产权分配机制。基于产权理论，企业可以通过"一体化"实现自身资产的扩张与非交易情境下投资边际生产率的提升，占据再谈判阶段的优势议价地位，以此激励投资者进行专用性资本投入，但"一体化"仅考虑了交易中的成本问题，而没有同时关注收益，因此并未能提供充分的解答。在此基础上，GHM模型提出，社会最优投资激励是难以实现的，因此应当关注契约中未涵盖的剩余控制权的有效配置，通过将所有权配置到投资重要的一方，以实现次优条件的最佳所有权结构[103]。

再次，契约再谈判机制。鉴于不完全契约中潜在的"敲竹杠"、"寻租"、事前投资不足等问题，一些学者认为可以在契约中设计某种特定的谈判或调整机制给予应对。在事前确定的事后分配办法或事后契约修订机制，能够有效地提高投资和交易的效率，激励关系专用性资产投资[104]。同时，当事前契约中明确规定事后谈判失败或不需谈判时的缺省选择权，抑或将谈判权赋予某一方时，事前的投资不足问题也能得到有效的解决[105]。

最后，自我履约机制。自我履约意味着，在不依赖法院等第三方强制措施的情况下，以交易个体履约成本为基础而得以履行契约内容。该机制效用的发挥依赖于特定的条件，即违约收益与履约收益间的比较。Klein 对不完全自我履约的条件进行了较为全面和深入的讨论[101]：其一，未来租金流。租金的存在增加了契约方的违约成本，在一定程度上督促各方采取履约行为。其二，重复的交易。未来潜在的长期交易关系能为契约各方带来更多的收益，而短期的违约行为很可能导致未来合作的终止，这可以防止缔约方采取违约行为。其三，违约受害方能够终止契约。当一方做出违约行为，另一方能立即终止契约时，便可在一定程度上占有准租。其四，提供履约范围和法律约束的条款。其五，品牌资本。为了维护品牌形象，交易方会增加投入继续履约。

同时，不完全契约的自我履约依赖于多种非正式机制，包括资产专用性、惩罚、激励、声誉与社会资本。其中，资产专用性所形成的"套牢"效应增加了投入方对交易关系的依赖性，为了不损失前期投资，投入方会追求合作收益，选择自我履约；惩罚，通常体现为终止契约，使得违约方丧失未来收益，造成直接的资本损失，抑或是将违约行为公之于众，而造成违约方的声誉损失；激励，即通过"溢价"增加履约收益，使其高于违约收益，而防止违约行为；声誉，在多次重复交易的环境下，是契约各方长期追求的资产，而违约的短期收益是不足以与之相比的，因此促进了自我履约；社会资本，包括社会规范、信任及社会网络，能促使契约各方开展合作以追求共同的利益[97]。

2.1.2　关系契约理论

1. 理论提出

关系契约理论源于交易中的社会关系嵌入性，即交易各方在长期合作中不用一味地追求契约内容的完备性，而是能够签订一份灵活、适应性的关系契约，避免因有限理性、缔约成本等带来的不利影响。与传统契约不同，关系契约的履行主要依赖的是法律以外的价值与关系，如未来合作价值、声誉、关系性规则（信任、交流、柔性等）[106]。相对地，关系契约关注的重点不在于契约内容条款的详尽设计，而是以交易的基本目标与原则为指导，重视交易双方关系在长期契约关系中价值的发挥[8]。

　　Macneil 强调, 交易性与关系性是任何交换的共同特性, 可将契约的关系性概括为 12 个方面: ①交易物品难以被测量; ②契约长时间存续; ③个人关系的嵌入; ④开始和结束时间并不明确; ⑤事前难以实现交易的精确计划, 但可以界定关系结构, 且在履约过程中可以调整与完善计划; ⑥交换活动的成功完全依赖于履约过程中交易各方的合作; ⑦交换的收益与成本由参与各方共同分享和分摊, 但分配的难度很大; ⑧契约中隐含着无须明文规定的内生性义务; ⑨很难实现契约的转让; ⑩交换的参与者一般是多个; ⑪交换的参与者都期望出现利他行为; ⑫参与者都认识到, 履约过程充满了多种困难, 这些困难需要彼此间的协调才能解决[8]。

　　从契约的关系属性出发, Macneil 分析了三种缔约方式: ①古典式缔约, 提倡交易各方依据缔约当时的情况细化合同内容。在此种方式下, 交易各方的身份可以明确也可以不明确, 而当正式契约与非正式契约间存在冲突时, 以正式契约为根本依据, 同时强调法律、正式文件的作用与价值。②新古典式缔约, 是在古典式缔约不适用的长期合同交易中所采用的缔约方式。新古典式缔约提出将交易关系从市场转移到组织内部, 在所有权统一的情况下结合激励、控制等组织制度来推进契约内容, 抑或是增加治理结构促使交易进行。③关联式缔约, 即通过启动更加彻底的专业化交易, 以及灵活可调整的缔约和履约过程, 强化契约的可调整性, 以应对变得日益复杂、持久的合同[107]。

　　Williamson 将关系契约的理念引入了经济学领域, 提出了特质交易的经济学理论。他认为交易的关系属性主要体现为经济性、非标准化及卖方的投资专用性, 并提出关系契约的治理主要是交易专用性的治理, 可以通过双边治理和统一治理两种方式实现, 以解决专用性资产引起的事后机会主义行为[108]。随着市场环境的日益复杂、交易各方关系由竞争向竞合的转变、交易持续期的延长等新情境, 关系契约的优势愈发成为企业的依赖。相对于正式契约来说, 关系契约更强调交易各方彼此间的监督与控制, 这要比第三方的监管更加经济、容易; 同时, 交易各方对履约过程信息的掌握更加详细、全面, 因此对履约行为的判定要比第三方更加细微; 此外, 缔约双方能观察到法律难以发现的现象, 以此为基础进行判断与灵活调整[109]。

　　2. 关系契约内涵与特征

　　通常情况下, 关系契约被视为一种由未来契约关系价值所形成的非正式协议, 属于不完全契约的范畴[107]。这种关系型的契约是解释企业间交易行为的重要因素, 能够对企业间的合作或非合作关系进行有效解读。与传统契约相比, 关系契约具有多种特征, 具体可归纳为四个: ①关系嵌入性, 是关系契约的根本特性。交易各方间的社会关系、交易所处的背景等均构成了关系契约运行的具体情境，即契约的签订是在一定关系情境下进行的，这就要求结合"关系"情境来准确理解契约内容、契约各方行为等[10]。同时，交易各方间的互动过程并不能被合同内容完整、全面地描述，第三方也难以仅根据合同来判断契约的履行情况。更多的是依赖交易各方间的交流、合作，甚至威胁等机制推动交易活动的持续[110]。②契约持续的长期性。关系契约通常具有较长持续期，包含了未来一段时期内一系列交易活动的设计。一方面，长期的契约关系促使交易各方不断互动与交流，鼓励各方建立起信任关系，更关注长期利益，而非短期交易收益。另一方面，契约的长期性也增加了契约本身的复杂性，包括交易主体的复杂、设计内容的复杂等[111]。③契约自我履约性，不仅是关系契约的特征，更是其有效实施的重要机制。关系契约融合了社会化的关系要素，让契约更具人格化，促使交易各方以合作态度来解决长期合作中的各类问题[112]。④契约条款的开放性，是关系契约区别于传统契约的重要特征。正是基于条款的开放性，交易各方能够依赖关系对条款内容进行协商调整，在节约事前缔约成本的同时，实现事后对新环境的适应[106]。

鉴于上述特征，关系契约的执行基础主要包括：①未来合作价值。关系契约属于不完全契约，因此履行的保障主要来自交易关系终止带来的损失与继续交易带来的收益间的对比。未来合作价值成为是否履约的重要参考，在确保履约收益大于违约收益时，交易各方会表现出更多的诚实，更少的违约行为[113]。②关系性规则，包括了社会过程与规则等多种要素（如信任、交流、承诺等）。关系性规则是交易各方达成的非正式协议关系，促使各方达成利益共同体，在维护交易关系的同时，推进合作的持续，与正式制度设计共同保证关系契约的履行[8]。③声誉。鉴于声誉的重要价值，违约行为会损害个体声誉，进而影响未来收益，因此缔约方不会采取违约或机会主义行为。

3. 关系契约治理

自 Macneil 和 Williamson 开创该议题后，管理领域的学者对该议题的探讨更为丰富和深入，并将经济学研究与社会学研究结合起来，通过实证分析的方法研究了关系契约中的治理行为与机制。管理学研究的前提假设不是追求成本的降低或利益的最大化，即关系契约履行的决定性因素不是理性计算，而是内嵌于交易主体及活动之中的"关系性规则"[114]。

关系性规则，指的是因各方间关系而存在的社会过程与规则，其对交易参与者的行为产生影响，能够在没有第三方干预的情况下确保交易活动的顺利实施。其中，社会过程包括社会交往、信息交流等，社会规则体现为信任、柔性、互惠等[114]。尽管学者们尚未对关系性规则的构成达成较为一致的认识，但通常以社会学和 Macneil 提出的关系性规则为基础开展相关研究，且已论证了关系性规则对交易绩效的积极影响。Zhang 等[115]发现，通过对关系性规则的治理，企业厂商能够有效管理自身与外国分销商间的关系，提高出口交易绩效水平。可以说，在长期的合作过程中，关系性规则会逐步形成，促使各方关注长期收益，进而有效降低交易成本[116]。同时，各类关系性规则的构成要素也是内嵌于环境之中的，因环境、个体等方面因素的差异而起着不同程度的作用[117]。鉴于关系性规则对交易的重要价值，研究普遍认为，关系性规则与正式契约一样，能够有效地促进交易风险的降低、契约的顺利履行，成为关系契约治理的基础[114~118]。

实际上，管理学领域的学者已开始关系契约治理方面的研究，并融入了资产专用性等经济学概念。一方面，现有研究表明关系性规则对组织间的关系或绩效有着重要影响。Claro 等[119]的研究证明，专用性资产投资、组织间信任等是战略联盟企业间的联合行动的重要影响因素。邓春平和毛基业[120]则发现，对日离岸软件外包交易中，交流对关系治理的作用最为重要。另一方面，近年来学者们开始注意到关系契约治理也是企业内部治理的重要组成部分。Mustakallio 等[121]发现，共同愿景的建立是实现家族企业内部治理的有效方式，能够降低目标的差异性与冲突。刘小浪等[122]研究指出，员工-组织关系是影响人力资源管理的重要因素，与人力资本特征共同形成了组织内部的差异化人力资源管理构型。

2.1.3　社会交换理论

社会交换理论兴起于 20 世纪 60 年代的美国，其产生源于"功能论"和"冲突论"等理论对个体间互动与过程解释力的有限性。该理论指出，社会交换是在资源与收益基础上，个体之间的交换过程，既包括从事交换的个人还包括交换所涉及的对象，是站在交换中的一方，探讨单个主体与交换另一方间的交换行为。个体在交换活动中都会追求自身利益的最大化，展现出利己主义或趋利避害特征，这使得交换行为变为一种相对得失的计算[123]。

继霍曼斯之后，社会交换理论渗透并应用于心理学、管理学及经济学等多个领域，主要的代表人物包括古德诺（Goodnow）、布劳（Blau）等。其中，古德诺提出了社会交换理论中的互惠原则（norm of reciprocity），强调个体交换行为是以对方能够满足自身利益为前提的。布劳在前人的基础上较为系统、全面地分析扩展了社会交换理论，甚至被认为是社会交换理论的正式提出者。他提出，当对方做出报答性行为时社会交换才得以产生，否则交换行为将会终止[124]。他不仅将研究对象从一方转变为交换的双方，还拓展了交换的范围，将不满足公平原则的交换也纳入考虑范围，强调社会交换关系是根植于群体之中的，建立在彼此信任之上的互动过程，从微观与宏观两个方面系统揭示了社会交换行为，将权力、规范、不平等概念也融入其中[125]。

　　互惠原则是社会交换理论的核心特征，内嵌于每个个体的社会关系之中，指的是当交换中的一方为另一方提供帮助或资源时，接受的一方有责任或义务反馈施予方回报[126]。互惠原则是社会交换得以持续产生的保障机制，在一方付出帮助或资源的同时便建立了接受方的回报义务。同时，互惠具有三个基本特征：首先，相互交换是互惠得以发生的前提；其次，互惠的思想融于社会价值观和文化之中；最后，互惠的产生和频率会受到规范和个人特质的影响[127]。另外，针对互惠的具体类型，不同学者有着不同的认识和划分。例如，从互惠内容属性来看，可划分为正反馈与负反馈，即友善给予的反馈也是友善的，即正反馈，而不友善给予的反馈也是不友善的[128]，即负反馈。从利益流动方向来看，可划分为直接互惠和间接互惠两种类型。从付出者意愿来看，又可分为广义互惠，即不求回报的付出；平衡互惠，即及时发生的均等相互回报；负互惠，即自私性地获取利益而不考虑给对方回报[129]。可以说，互惠原则是社会交换得以进行的基础，也是解释个体间交换行为及态度的根本机制。因此，该原则不仅运用在社会学中，还逐渐被推广到哲学、心理学、经济学和管理学等多个学科领域中。尤其是在管理学领域，互惠原则与社会交换理论一同被用来解释组织理论，即组织内及组织间的领导力、心理契约、团队成员交换、公平、信任等因素对个体或组织行为的影响。

　　整体来看，社会交换理论衍生于社会学，包括了心理学、社会行为心理学等多个理论，关注的是两个体间的交换活动，重点探究个体间交换活动的心理动机。换言之，社会交换理论强调个体在社会学研究中的重要价值，认为人与人之间的交往以及社会联系应被视为一种相互交换的过程。在交换的过程中，个体的行为是以理性分析与合理化决策为基础的，主要受到行为花费成本与获得报酬的共同影响。该理论的提出和发展较为深入地揭示了社会活动过程，强调能为个体带来收益的各类交换活动才是人类行为的基础，通过分析个体间的互动和交换活动来解释个人的社会行为。随着理论的不断发展与深入，学者们认识到合作行为所带来的报酬越多，那么个体越乐于采取合作行为，并认为信任、承诺、公正、互惠等是合作行为的基本元素[130]。

2.2　项目契约柔性相关理论

2.2.1　项目契约柔性的本质

契约柔性的思想萌芽可追溯到 20 世纪中叶，完全契约理论对现实解释力的不足激发了新古典契约理论对契约灵活性、适应性的探究，开始日益关注契约"软条款"。对"柔性"的理解通常来源于制造系统领域 Mandelbaum 和 Buzacott[131]的界定，即一种响应内外环境变化或不确定性的能力。通过引入"柔性"概念，"契约柔性"被视为交易各方能够经济、快速、有效应对内外环境变化和不确定性的能力[21]，反映的是对新环境的适应性，具体表现为行为主体所面对的可选择空间或范围的大小，以及响应变化的速度。柔性的契约为交易活动预设了事后可调节规则和范围，突显了交易的动态秩序[6]。可见，契约柔性的提出源于对内外环境不确定性的响应，通过合同条款的柔性化，能够构建交易中风险与收益的事后再分配机制，依据事后风险实现动态调整[17]。

尽管对柔性本质能力属性的认识得到了学者们较为普遍的认可，但由于对契约理解的差异，目前存在狭义与广义两种认识。其中，狭义视角将契约等同于交易合同或协议，将契约柔性理解为合同柔性，关注合同条款内容柔性机制或要素的构建[4, 132]，以实现合同刚性与柔性的平衡，强调合同柔性是解决合同刚性不利影响的重要方式[25]。我国学者严玲等明确提出建设项目合同柔性的定义，将其视为通过柔性要素的注入，使合同条款具备柔性，借此形成柔性及事后调整空间，是一种经济而又快速响应项目不确定性的能力[94]。

广义视角从动态契约理论出发，将契约界定为一个交易过程，即契约不仅包括了可视化、显性化的合同协议，还包括了合同协议的签订与履约全过程。相应地，契约柔性不仅体现为交易各方博弈形成的各类柔性条款，还体现为交易各方对交易的态度与关系，即契约构建及履行全过程中交易者主动和被动选择空间的大小[133]。鉴于此，广义视角下的契约柔性可划分为契约内容柔性与契约执行柔性[6]。前者与狭义视角下的合同柔性具有一致性，表现为合同条款所隐含的柔性机制；后者是一种基于交易关系、非正式契约的柔性机制，柔性程度的大小依赖于交易各方的关系能力，能够实现对合同柔性的补充。此时，签订的合同并不意味着契约关系的达成，而是后续契约关系构建与履行的起始点，为交易关系持续变动和演化提供指导，履约成为契约交易的重要组成部分[17]。

综上，在契约内涵方面，本书认为随着经济环境与交易活动的日益复杂化，契约的内涵已远超合同文本，承诺、沟通等非正式契约关系的存在，对交易活动有着重要的影响。尤其是在工程项目领域，项目始终处于动态的环境中，面临着更为复杂、多样化的不确定性因素。这些不确定性因素通常是随着项目的实施而逐步显露出来的，若仅从合同内容探讨契约柔性，并不能实现对项目全过程的契约柔性机理的探究，容易忽视无形契约，如关系契约对项目活动的重要价值[10]。因此，本书将从项目契约全过程来理解项目契约柔性，探究作为一种响应能力的契约柔性对承包方合作行为的影响。

2.2.2　项目契约柔性的构成

目前，已有研究多采用狭义视角理解契约柔性，重点关注的是正式合同中柔性条款的设计，通过探究合同内容柔性机制的注入途径，识别契约内容柔性的测量结构或指标[134]。由于出发点的不同，不同学者对契约内容的具体要素又存在不同的认识。本书对国内外相关研究进行了研读和归纳，结果如表 2.1 所示。

表 2.1　契约内容维度结构

契约内容柔性要素	作者
再谈判柔性	Athias 和 Saussier[25]
数量柔性、价格柔性、质量柔性	Moon 和 Choi[135]
价格柔性	Tadelis[136]
激励柔性	Laan 等[137]
特许期柔性	Tan 和 Yang[43]
实物期权柔性、特许期柔性	Cruz 和 Rui[21]
价格柔性、重新谈判机制、纠纷预防与解决机制、激励要素	杜亚灵等[138]
再谈判条款柔性、价格浮动条款柔性、激励柔性	尹贻林和王垚[2]
推迟决策、柔性调整	Kujala 等[6]
不完全合同、价款调整条款、激励条款、再谈判条款、签订变更程序协议、分阶段执行的系列合同	严玲等[94]

从合同柔性要素的构成来看，价格柔性与再谈判柔性得到学者们的普遍认可，两者是构建合同柔性的重要柔性机制，甚至有些学者将价格柔性或再谈判柔性视为合同柔性的根本，将其等同于合同柔性。柯洪和刘秀娜[139]认为，工程合同柔性的本质就是价格柔性，可从价格变更、合同索赔、市场价格波动及法律变化几个方面构建价格柔性的测量指标；Athias 和 Saussier[25]以再谈判条款的测量

反映合同的柔性程度。

从柔性要素的解读来看，国外学者多聚焦于某一种要素，进行较为深入的探讨，如 Kujala 等[6]强调再谈判的重要性，将其转化为推迟决策和柔性调整两个要素。国内学者则在要素识别方面进行了较多的探讨，以求较为全面地反映合同柔性的构成要素。其中，以尹贻林和王垚[2]、严玲等[94]、杜亚灵等[138]针对工程项目的研究较为深入，研究成果涵盖了价格柔性、再谈判柔性、激励柔性、变更柔性、激励柔性及时间柔性等多种要素。

另外，广义视角下契约柔性的探究尚处于起步阶段，尤其是针对契约执行柔性的研究十分有限。Kujala 等[6]在提出契约执行柔性时指出，交易双方的关系及关系能力是执行柔性的基础，承诺、沟通、信任等关系要素构成了执行柔性的前提。在合同条款不能有效指导新环境时，双方并不是诉诸正式合同的签订、谈判或第三方机构，而是在良好合作关系的基础上，实现更为灵活、低成本的协商，即发挥关系契约的作用，避免正式合同的束缚。相应地，Nystén-Haarala 等提出，通过衡量正式契约在交易中的重要程度，或非正式契约的使用情况，来反映契约执行柔性的水平[17]。

2.2.3 项目契约柔性的影响

工程管理领域内关于项目契约柔性的影响已形成一系列的探讨，尤其是合同柔性对项目绩效的积极作用，具体来看，包括以下几方面。

1. 合理风险分担视角下的事后调整

基于互惠社会交换理论，Chiara 和 Kokkaew[140]提出了合同柔性分析，强调柔性的合同条款允许项目风险在交易各方间实现合理的转移、分担，进而提升合同的执行效率。Plambeck 和 Taylor[39]进一步发现，合同中的再谈判机制为事后的变更、索赔等风险分担提供了协商空间，有利于风险的合理分配。Shan 等[38]发现，合同柔性有利于风险分担或调整机制的构建，实现各方利益的动态平衡，避免机会主义风险。由此可见，合理风险分担视角本质上体现的是，合同柔性允许范围内的事后再调整过程，指导各方对风险及其后果进行二次分配，促进各方对风险的合理承担。

2. 不确定性补偿视角下的事后激励

合同柔性的激励作用体现为合同中的各类补偿性条款，如价格、数量、所有权等。Levin 和 Tadelis[141]研究表明，通过在合同条款中设计柔性的价格补偿，能够实现对项目承包方的动态激励，避免机会主义行为。Chung 等[42]发现，数量柔性和价格折扣可切实促进交易双方更好地合作。Bettignies 和 Ross[142]提出，刚性的合同会约束承包方行为，降低了项目管理的灵活性，而柔性的契约可以实现某些控制权的让渡，提高执行效率。

比较两种视角，本书发现，风险合理分担对机会主义行为的抑制源于对交易公平的促进，即合同柔性条款作为风险合理分担的机制保证了交易各方对风险共担的合作诉求，促使各方在风险共担思想的指导下，开展交易活动及双方合作。不确定性的补偿机制同样体现的是对交易公平的追求。柔性的合同条款为项目交易活动提供了一个风险与收益分配动态匹配的合作框架，在保证收益公平的基础上，实现了对各方的激励作用。因此，本书提出，交易公平性是契约柔性实现风险合理分担、事后补偿，乃至提升项目绩效的核心，以此为后续研究的基础，进一步深入挖掘项目契约柔性对承包方合作行为的内在影响机制。

3. 过度的"消极柔性"

多数学者认为，契约柔性的提升能够弥补传统刚性契约的不足，实现交易活动及过程对不确定性的快速响应与持续互动[21, 23, 24]。同时，一些学者也强调柔性的过度使用可能带来不利的影响。Baeza 和 Vassallo 认为，柔性契约所包含的再谈判机制为机会主义行为提供了更多的可能[143]；Athias 和 Saussier[25]在探讨招投标问题时也强调，契约的柔性空间可能会有损于公开招投标的优势。

针对这两种观点，Thomas 等[7]进行了较为深入的分析并指出，"过度柔性"观点是对契约柔性内涵的模糊解读，体现的是一种"消极柔性"，这既不符合实践的需求，也不利于理论的深化。他们强调，合同的完全开放、模糊不清的条款等并不是契约柔性，反而会引发一系列的问题。契约的柔性特征是对变化的灵活、有效的响应，应该是一种"积极柔性"，这才是理论与实践都提倡并追求的有价值的柔性。

综合来看，本书更为认同 Thomas 等的观点。"柔性"的提出是在刚性过度的当前情境下提出的，目的在于实现对"刚性"的弥补。契约的"消极柔性"已违背了初衷，甚至是对契约的放弃，是对"柔性"思想的过度解读，不利于对实践活动的指导。因此，本书认为，契约柔性在本质上是一种积极的应变能力，能够通过柔性要素的注入形成灵活的柔性机制，在促使契约相关方灵活应对内外变化、提升事后效率的同时，拓展各方决策的选择范围，实现对各方的有效激励[138]。

2.3 工程项目合作行为相关理论

2.3.1 工程项目合作行为的内涵

在工程项目领域，合作已经得到学者与实践者的关注[144]。在不完全契约理论、社会交换理论的推动下，学者们强调企业间不仅需要契约机制的保障，还需要依靠彼此的信任、承诺等机制促进稳定、持久的合作。Dawes 指出，在一个社会集体中，当所有参与者均采取合作行为时，集体整体利益将最大[145]。有效的合作能够为组织学习提供良好的支持平台，强化彼此的联系[146]，进而降低组织间的交易成本，提升整体绩效[147]。

通常来看，合作行为是个体为完成任务而愿意为他人付出的努力[148]，伴随着一定程度的牺牲以实现互相帮助[149]，是个体认知、意愿、思想等综合的态度表达[130]。当不同主体间以协同的方式追求共享或互补的目标时，合作便产生了[150]。综合来看，合作行为的内涵具有以下基本特征：①以共有目标的实现为指导。共有目标是个体采取合作行为的根本和前提，指的并非不同个体间对同一目标的追求，而是在目标差异性基础上的一种目标或利益互补状态[151]。②需要做出一定的牺牲、贡献或承担风险。采取合作行为的各方需要为对方做出一定的贡献、承担相应的风险，以互惠的基本形式，推进合作行为的落实[152]。否则，合作关系将会因一方的退缩而失去价值。③是一个彼此协调的互动行为。合作行为需要各方以协调的方式进行，通过多方间的互动交流，达成对各方较为有利的行为，以追求目标的达成[153]。④一种关系行为。相对个人行动，合作行为会带来更多的益处，反映了组织间对关系的认知[9]。

综上，本书结合工程项目情境，将工程项目承包方合作行为定义如下：工程项目中为实现与业主方共有目标或利益的达成，承包方愿意在承担一定风险的前提下，通过与业主的相互协调，而采取的一系列适应性、互惠性的努力。

2.3.2 工程项目合作行为的维度与测量

通过对现有研究成果的分析与归纳，本书发现，对合作行为测量维度的划分主要存在两种视角：其一，从合作行为的属性进行维度划分。该视角分析了各种合作行为表现的内在属性，以此划分维度，如合作行为有着正式和非正式之分，前者依赖于个体间的正式结构，而后者主要受到信任、承诺、依赖关系等社会性因素的影响[154]。其二，从合作行为的表现形式识别维度，如 Pearce[153]认为，合作行为内在三维度应该包括信息的公开交换、问题的共同解决及灵活性；Srinivasan 和 Brush[155]借用了经济学领域的概念，将合作行为归纳为专用投资活动、信息共享活动及共同关系能力程度。

各维度结构在不同的研究中均得到了一定的检验和证实，而结合本书问题及对象来看，行为属性视角下正式与非正式、角色内与角色外等结构的区分，虽然在一定程度上反映了合作行为的某些特征，但在实践中主体的行为较复杂，包含了个体、环境等多方因素的影响，很难将某一行为准确地归入某一维度下，这将影响对具体行为的测量质量。因此，本书更为认同合作行为的表现形式视角。进一步来看，Pearce 等的三维度结构是目前应用较为广泛的维度模型，并在工程项目领域得到了很好的检验[11, 156]。

因此，本书将从三个方面测量工程项目承包方合作行为：信息的公开交换，指的是承包方会主动与业主进行沟通，分享并公开自己所获取的项目信息；问题的共同解决，指当在项目中出现问题时，承包方愿意与业主共同承担责任，处理问题；灵活性，指的是为满足业主或环境的需求，承包方愿意调整自己的行为。

2.3.3　工程项目合作行为的前置关系因素

为更具针对性地梳理相关理论，本书围绕研究问题，梳理了合同/契约、关系要素两方面的相关研究成果，具体如下。

在合同/契约方面，合同/契约在制度层面对组织间合作起着关键性影响[157]，合同则作为治理机制对组织间合作行为有着重要影响。同时，越是完整的合同，越有利于应对潜在的不确定性，进而减少投机行为，促进合作[10]。通过详尽的合同内容，合作各方能够提前明确各类不确定性或风险，有效防范资产专用性、测量难等不利影响。此外，一些学者认为，合同的控制与协调属性还有助于提升双方的信任，进而间接促进合作意愿[12]。可见，合同作为交易关系建立的制度性基础，能够通过控制、协调等功能，实现对不确定性与风险的有效响应，确保各方更好地合作。

在关系要素方面，多数研究将公平、信任与关系规范等作为合作行为的重要前置因素。首先，公平是形成合作意愿或行为的重要前因，对交易关系绩效有着显著影响[158]。在工程项目情境中，承包方对公平的感知能够有效降低双方间的冲突[144]，促进组织公民行为的产生[159]，对交易成功有着正向影响[160]。公平的积极作用主要源于其对持有者内在意愿的正向影响，促使其形成对交易另一方的积极认知，进而形成合作意愿，甚至产生信任[161]，激励公平感持有者采取合作行为，降低敌对心理，减少合作障碍。

其次，以社会交换理论、交易成本理论为基础的研究强调，信任是组织间合作行为的关键前因。合作的根本在于激发各方间的信任[162]，而信任能够强化合作各方彼此的沟通，减少各方对披露信息产生风险的忧虑[163]。通过信任的建立，工程项目纠纷能够得到良好的解决，有助于降低项目的交易成本[164]，合作各方能够更加关注长期目标，提升对可能冲突的容忍度，增强合作效率与绩效[165]。综合来看，信任对合作的积极影响可归纳为三个方面，即提升合作灵活性、降低监督与交易成本及减少内耗[166]。

最后，关系质量、关系契约、互惠规范、透明度等关系性规则同样对合作行为有着正向影响。具体来看，交易各方彼此关系质量的提升能够有效促进合作意愿，激发内在合作动机[167]。关系契约不仅能够对合作绩效产生正向影响，还能形成对合作关系的治理机制[168]。互惠规范与透明度能够形成开放、公平的沟通与问题解决渠道，形成各方合作的基础[169]。

2.4 组织间关系要素相关理论

依据社会交换理论，组织间交易活动的社会关系属性对交易各方决策及行为均有重要的影响，即关系视角对实践活动具有较强的解释力。同时，结合前文分析，信任与公平是工程项目合作建立的重要的基础性关系因素[3]。相对地，尽管关系规范要素对合作行为的积极作用得到验证，但鉴于目前对关系规范内涵与要素的构成尚未达成统一认识，相关研究较为分散，系统性与规范性有待提升。因此，本书针对公平与信任两要素进行理论回顾，为后续关系要素的识别、分析及测量提供理论支撑。

2.4.1 组织间公平感知

1. 内涵

在社会交换活动中，公平反映了一种重要的道德品质，描述了一种决策、结果或过程的均衡与正确程度，即以一定的社会标准、正当秩序为指导而合理地待人处事[170]。当一方认为某种决策、结果或程序是均衡、正确的时，公平便会形成[171]。与其说公平是一种客观的结果，不如说公平是一种关于某一行动或行动结果的主观、相对的评价[158]。因此，公平指的是一种感知状态，即公平感知。

近年来，组织间的公平问题受到学者们的重视，组织内部微观层面的公平理论被应用到组织间的宏观层面。组织间的公平在响应内外环境不确定性方面起着重要的作用，为组织间合作奠定了基础[172]。若在交易活动中，一方感到公平的存在，那么该方便会对未来结果持有积极状态，将更多的资源投入交易中，减少机会主义行为[173]。反之，公平感的缺失则会导致交易关系的冲突甚至终结。在工程项目情境中，业主与承包方间通常有着相互冲突的目标、利益和观念。公平感知对这些冲突的管理有着重要的价值，能够有效地降低冲突风险、促进合作行为的产生[174]。综上，为准确表达公平内涵，本书采用"公平感知"概念，结合工程项目情境，将承包方公平感知定义如下：工程项目履约过程中，项目承包方对业主方决策、行为、项目结果等方面均衡性和正确性的主观评价。

2. 形成与测量

目前被学者们认可且较为广泛应用于个体和组织层面的公平感知形成主要来源于分配、程序及互动对公平感知的促进作用[173]。其中，分配公平感知代表了个体对资源、薪酬等结果分配方面的公平感，关注的是资源或结果的分配情况，以及对投入与回报的主观性判断[175]。在组织间交易中，若一方认为交易结果与其贡献相比是公平的，那么该方便会产生分配公平感知。

程序公平感知，指的是个体对正式决策程序及相关政策的感知，反映的是过程中的公平性[158]。这种公平感知的获取依赖于决策程序是否公开、透明及无偏。当一方认为他可以对过程进行控制或干预时，便会感知到程序的公平性。可见，程序的公平性涉及了结果分配过程中的公平性，强调在分配过程中控制权力，而这种分配过程中的公平感知将进一步影响对分配结果公平性的认识，影响着双方信任和互惠关系的形成[176]。

互动公平感知，是一方对彼此关系质量的主观感受，强调尊重、诚实、礼貌等在互动中的重要作用[177]。这种公平又包含了人际公平和信息公平两个方面，前者指的是双方彼此对待是否有礼貌和尊重，后者则反映了双方信息交流的程度与状态。当一方在互动过程中感受到来自对方的尊重、礼貌及信息的充分交流时，便会对互动产生公平感。

目前，多数研究仅以公平感知的分配与程序公平为结构开展相关问题的探讨，而将互动公平感知或视为前两者的社会规范融入其中，或作为单独变量进行分析。Colquitt 等[178]指出，三种要素反映了公平感知的不同来源，彼此间是相互联系且有着区别的，不能相互混淆。近年来 Aibinu、Luo 等学者探讨了工程项目领域组织间公平感知问题，发现三类公平对联盟绩效、争端解决、项目绩效等方面有着不同的作用机制[179, 180]。

结合本书的工程项目契约情境来看，分配公平感知的基础是契约内容对利益分配、风险共担等方面的条款规定，主要反映为合同价款、奖励、非货币回报等；程序公平感知来自契约中的纠纷解决、变更、监管、执行等程序方面的公平性，既包括程序条款内容，也可能反映为具体的程序执行过程[181]；互动公平感知则涉及了项目契约签订与履行的各个环节，承发包双方的互动行为[182]。因此，本书以 Luo[180]、杜亚灵等[181]对公平感知的界定与测量为基础，与工程项目契约情境相结合，从承包方的视角来理解组织间的公平感知，主要包括三个方面：分配公平感知，即在工程项目期间，承包方对依据契约内容实施的利益分配、风险分担等方面所感受到的公平程度；程序公平感知，即在项目契约签订及履行过程中，承包方对契约内容、执行决策过程及程序公平性的感知；互动公平感知，即在项目契约签订及履行过程中，承包方与业主在正式与非正式交流或互动中所感知到的礼貌、尊重、友好及信息的获取与解释的程度。

3. 前置与后置影响因素

在前置影响因素方面，现有关于组织间公平感知的研究主要分布于战略联盟与供应链领域，项目管理领域的研究尚处于起步阶段，表 2.2 对相关研究成果进行归纳整理。整体来看，现有研究从多个领域及视角对公平感知的前置影响因素进行了探讨，且多数研究将公平感知视为一维结构，或仅探讨某一种公平感知。尽管所识别出的影响因素差异性较大、较为凌乱，但总体可划分为外部客观因素（如制度环境、市场地位、文化）、内部主体属性（如战略、市场地位等）及组织间关系要素（如契约、伙伴关系、熟悉程度、信任等）。可见，公平感知受到多方的影响，其中组织间关系要素是探讨双边关系的重要内容，且现有研究表明，契约、伙伴、信任等组织间关系要素对公平感知的形成及水平有着突出影响。

表 2.2　组织间公平感知前置与后置影响因素

前置影响因素	公平感知要素	作者
供应商的角色绩效	分配与程序公平感知	Yilmaz 等[183]
文化差异	互动公平	Faems 等[184]
目标差异、熟悉程度、所有权对称性、共同工作时长、联盟管理经验	程序公平	Luo[185]
文化差异	分配、程序及互动公平	Pikilidou 等[186]
市场地位、制度环境	组织公平反应行为	史会斌和吴金希[187]
联盟显性契约、规范契约	分配公平、程序公平	高展军和王龙伟[188]

续表

前置影响因素	公平感知要素	作者
企业战略	渠道程序公平 渠道分配公平	高展军[189]
初始信任	承包商公平感知	杜亚灵等[181]
后置影响因素	公平感知维度	作者
长期交易合作行为		Luo[147]
合作关系稳定性	公平感知	马方园[190]
组织间信任		Guh 等[191]
定价策略		刘威志等[192]
满意度、冲突	分配公平、程序公平	Brown 等[193]
合作行为	公平	李智[194]
履约绩效		孙娜[195]
组织公民行为	人际公平	Lim 和 Loosemore[159]

在后置影响因素方面（表 2.2），相关研究多以社会交换理论为基础，聚焦于组织间的关系要素，如信任、关系质量、承诺、满意度等，同时关于行为（如合作行为、组织公民行为等）的研究也在逐步兴起。另外，多数研究表明，组织间的公平感知对组织间关系有着显著的正向影响，有利于双方关系质量的提升、合作关系的稳定及合作行为的产生。

2.4.2　组织间信任

1. 信任与持续信任

信任，是构建个体间互动关系、协调社会整体的重要力量，能够对个体行为形成一定的预测。学者们针对组织间信任的内涵提出了一系列的界定。Barney 和 Hansen[196]认为，组织间信任是合作一方认为另一方不会做出有损于自己利益行为的一种期待或积极预期；Das 和 Teng[197]提出，组织间信任是信任方考虑在一定风险情况下，对另一方意愿和行为的预期。综合来看，组织间信任具有四个基本特征：其一，反映的是组织间彼此的心理状态，是信任方依据所掌握的信息、经验、知识等对被信任方的一种主观评价结果；其二，组织间信任反映的是组织作为一个整体的集体意识，是信任方根据对被信任方所在集体的信誉判断，而形成的一种整体的主观评价；其三，以风险承担为基本前提，即信任方在信任另一方时，需要承担另一方可能采取不利行为的风险；其四，信任的非对称性，即信任方是否同样受到被信任方的信任，以及两者间信任程度上均可能存在的差异[166]。

另外，一些学者提出信任的过程属性，即信任的动态性特征。由于交易各方需要通过一系列特定的交互活动不断证明自身的可信程度，以推进长期关系的发展与稳定，信任作为一种主观评价也会随着两者的互动而发生变化。因此，信任并非结果导向，而是一个过程导向的概念[198]。Ba 的研究探索并验证了信任的建立、持续与消失的变动过程[199]。杜亚灵和闫鹏[200]将工程项目中业主对承包方的信任划分为初始信任和持续信任。综合来看，对信任动态性的描述反映了信任形成与发展的基本过程。其中，初始信任指的是在尚未了解具体背景和知识时，一方相信另一方的意愿[201]，是交易各方在短时间形成的信任关系，多依赖于交易主体的情感、背景等因素；持续信任则包含了一个较长期的动态过程，是一方通过具体行动而产生的对另一方可靠性的预期[198]，是交易各方在行为观察判断基础上形成的，并持续调整的信任关系，不仅依赖于主体的情感，还以能力、行为等作为判断基础。

具体到工程项目情境中，项目承发包双方间信任关系的建立并不是一个孤立的事件，而是随着项目的实施、彼此互动逐步形成的过程。在项目全生命周期中，相对初始信任来说，承发包双方的持续信任对双方合作意愿、行为、态度等有着更为持续、显著的影响[202]。另外，信任的非对称性，即工程项目中业主与承包方对彼此信任的来源与程度有着明显的差异[203]。因此，本书将关注的是工程项目中在项目实施过程中的持续信任，具体指的是项目承包方对发包方的持续信任，即工程项目实施过程中，项目承包方在承担一定风险的前提下，对发包方所持有的、认为发包方不会采取有损自身利益行为的积极意愿。

2. 形成与测量

现有研究对组织间信任形成或来源的探讨呈现出多样性，但各模型间存在一定的交叉或重叠之处，情感与认知被多数学者视为信任产生的重要基础。结合已有研究来看，较为经典且被应用于工程项目情境的模型主要包括三类[204]：其一，Hartman 的诚信、能力与直觉模型。该模型指出，诚信以道德、价值观为基础，促使一方考虑另一方的利益，促进信任关系的产生；对交易方能力水平的判断同样能够促进信任的产生；而出于信任方的情感与直觉，则有利于对另一方行为积极预期的形成。其二，Rousseau 等的算计、关系和制度模型。算计信任的产生源自自利或经济收益，关系信任是通过彼此接触和互动而形成的，制度信任则受到信任方所处的国家文化及相关制度的影响。其三，Lewicki 和 Bunker 提出的威胁信任、知识信任与认知信任。威胁信任是交易双方为了避免违约等制裁而遵守承诺；知识信任意味着彼此足够了解而能够预测彼此意图与行为；认知信任是对对方有着较深的了解，能够预测对方喜好和行动而形成的信任。

针对上述信任形成要素，Pinto 等[203]指出 Hartman 的信任界定最为符合项目中的信任特征，而关系信任并不适用于项目双方间的首次接触情境，制度信任则由于项目地域差异而难以考量。因此 Pinto 以 Hartman 的信任维度开发了包含 20 个题项的信任测量量表，以测量业主与承包商间的信任水平。一些学者认为，工程项目业主与承包方间同样存在关系型信任[205]。杨玲和帅传敏[206]以 Hartman 的信任分类为基础，结合我国情境，探讨了工程项目企业间的信任构成并发现，能力信任、关系信任和直觉信任共同构成了项目业主与承包方的信任关系。

结合本书问题来看，一方面，Pinto 等提出的信任维度是以西方社会环境为基础的提炼，最初是针对人与人之间信任关系提出的。因此在我国情境下，其所提出的组织间信任的适用性有待更多的讨论与检验。另一方面，本书关注的是项目过程中承包方对业主或发包方的持续信任，即双方间已经进行了一段时间的接触互动，形成了一定的正式与非正式关系。这种关系促进了工程项目各方间信任或持续信任的形成[202]。由此，关系信任是工程项目承发包方间重要的信任构成。同时，本书所关注的项目契约是交易活动的重要基础与依据，能够为双方活动提供制度上的支持与保障，相应地，也成为制度信任的来源。因此，本书认为杨玲等、Rousseau 等的信任构建模型及测量量表，更符合我国工程项目情境，能够满足本书对持续信任的关注。结合相关研究，将工程项目承包方持续信任划分为能力信任、制度信任与关系信任，作为本书后续变量测量的重要依据。

3. 前置与后置影响因素

鉴于信任的多维度特征，学者们针对不同的信任类型构建了多种影响因素模型，而研究视角、层次、关注点的差异则进一步促进了模型的丰富性。因此，为提升研究的针对性，本书主要对国内外工程项目管理领域的相关研究进行回顾，整理如表 2.3 所示。

表 2.3　工程项目组织间信任前置与后置影响因素

前置影响因素	组织间信任	作者
合作经历、详细的合同、关系开放性与相互依赖	组织间信任	Woolthuis[207]
合同、诚实、交流、问题解决方式、信息共享	组织间信任	Hartman[208]
能力、言行与声誉	业主信任	蒋卫平等[205]
沟通、依赖性及合同	承包方信任	
能力、声誉与投标特性	初始信任	施绍华[209]
合同履行、沟通、承包方品质	持续信任	

前置影响因素	组织间信任	作者
能力、声誉与合作经验	特征型信任	
合同安排、相互依赖、文化	制度型信任	吴迪等[210]
知识、沟通、非正式关系、承诺与预期	关系型信任	
后置影响因素	组织间信任	作者
风险行为、成本降低	组织间信任	Zaghloul 和 Hartman[211]
合作、项目成功	组织间信任	Wong 和 Cheung[11]
合作关系	组织间信任	Pei[212]
初始风险分担、项目绩效	组织间信任	王垚和尹贻林[213]
合作行为	组织间信任	杜亚灵等[181]
组织效能	组织间信任	乐云等[214]

在前置影响因素方面，在工程项目领域，组织间信任的前因主要集中于参与者个体属性及组织间关系属性两个方面。前者以能力、声誉、诚实等个体因素为主，后者则以合同、交流、信息共享等组织间互动关系属性因素为主。尤其是在探究工程项目组织间关系的问题上，多数研究均强调并证实了组织间关系或互动因素对组织间信任的重要影响。从最初提出信任时对善意作用的关注到能力、诚实等，再到目前的多种影响因素，组织间信任影响因素已变得更为细化、多样，不仅跨越了多个层次，还包括了正式、非正式关系因素。这为本书奠定了较为坚实的理论基础，成为后续研究模型构建与检验的重要理论依据。

在后置影响因素方面，组织间信任已成为工程项目组织间的重要关系要素，对促进组织合作、构建伙伴关系、提升项目绩效和成功有着显著的正向作用，是降低机会主义行为、减少潜在合作风险的重要机制。同时，信任的产生可以有效地减少组织对不确定性的恐惧，减少工程项目过程中的摩擦，提高问题解决的效力，并发挥激励的作用，进而促进项目绩效的提升。

2.5　本书的研究框架

基于上述分析，结合具体项目情境，本书以不完全契约理论、关系契约理论与社会交换理论为基础，提出本书的研究视角与整体研究框架。其中，不完全契约理论与关系契约理论为本书指明了关系视角的可行性，为契约柔性概念的界定、结构与影响的分析奠定了概念和理论基础，而社会交换理论则为本书核心构念间关系要素的识别、内在作用机理与路径的分析提供了理论支撑，具体如下。

首先，依据关系契约理论，工程项目业主—承包方契约是一个包含了从签约到履约直至项目结束的动态交易过程，该过程嵌入关系情境中，是一种关系型契约。相应地，对契约柔性的探讨也应从关系角度把握其本质。其次，承包方合作行为同样融于具体交易情境，是交易主体基于彼此关系认知的行为策略[9]，在本质上体现的是一种关系行为。最后，现有研究表明，承包方合作行为不仅受到项目合同等正式契约的影响，同时还受到非正式契约关系或关系规范的显著影响，即关系要素是承包方行为的重要前因。

综上，关系属性贯穿了不完全契约理论、关系契约理论与社会交换理论，不仅内嵌于项目契约与合作行为之中，同时也成为构建并解析"契约柔性—合作行为"内在关联的有效着力点。因此，本书采取该视角，从关系属性出发，在界定工程项目契约柔性内涵与维度的基础上，探究其与承包方合作行为间的关系要素，进而分析彼此的内在关联，揭示工程项目契约柔性对承包方合作行为的影响机理，构建"关系契约—关系要素—关系行为"的理论研究框架，如图 2.1 所示。

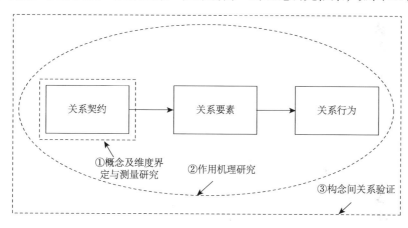

图 2.1　研究框架

首先，鉴于现有研究对项目契约柔性的内涵、结构与测量的探讨尚不清晰透彻，存在以偏概全、过程属性关注不足、柔性指向性不明及缺乏有效策略工具的问题，这限制了关于项目契约柔性对合作行为影响机制的深入探讨。因此，结合核心研究问题，本书采用定性与定量相结合的方式，立足项目承包方视角，对工程项目契约柔性构念的内涵、结构及测量进行探索性与验证性研究，实现对工程项目契约柔性内涵与结构的深入解读，构建相应的测量量表，为后续研究的推进奠定概念工具基础。

其次，尽管学者们从风险分担、事后激励与补偿等多个视角认可了契约柔性对项目绩效、合作行为等方面的积极影响，形成了项目契约柔性对合作行为影响的基本理论架构，但现有研究关于契约柔性对合作行为影响的内在机理尚不清晰。因此，本书从关系视角出发，通过适合于深入剖析变量间关系及过程的多案例研究方法，在识别关系要素的基础上，进一步解读各要素间内在关系，实现对项目契约柔性与合作行为间影响机理的解读。

最后，基于前两阶段的研究结果，构建工程项目契约柔性、关系要素与合作行为的关系假设与路径模型，采用大样本数据实证检验变量间影响关系，对比分析不同作用路径的相同与差异之处，深入检验与解析各变量间的作用路径。通过本书研究，能够深入揭示工程项目契约柔性对承包方合作行为的内在影响，进一步打开两者间关系的理论"黑箱"，为工程项目业主借助契约实现承包方及关系的有效治理提供理论指导与借鉴。

第 3 章 工程项目契约柔性构念界定与测量

鉴于契约柔性现有研究成果尚未对契约柔性构念达成较为清晰、统一的界定，也未能形成可操作性、科学性较强的评价或测量工具，本章以工程项目为情境，通过定性与定量相结合的方式，立足项目承包方视角，对工程项目契约柔性构念的内涵、结构及测量进行探索性与验证性研究，实现对工程项目契约柔性内涵与结构的深入解读，构建相应的测量量表，为后续研究的推进奠定概念与理论工具基础。

3.1 工程项目契约柔性构念研究框架

通过文献的回顾，本书认为契约柔性的现有界定在构念内涵、本质、特性等方面较为模糊，仅以"柔性"概念借用到"契约"上，并未形成两者的融合，契约柔性的界定缺乏具体的契约运用情境。另外，现有研究对契约柔性的测量缺乏系统认识，尽管研究视角相对统一，但主观性较强。同时，也正是由于缺乏契约情境，现有测量工具的有效性及使用范围尚有待商榷。

本章旨在以定性方法，结合具体的工程项目契约情境，对工程项目契约柔性的外在形式、内容及维度等进行系统的探索，提升对契约柔性内涵的深入理解和把握。在此基础上，以定量方法通过因子分析，对工程项目契约柔性的结构维度进行验证，具体研究框架如图 3.1 所示。

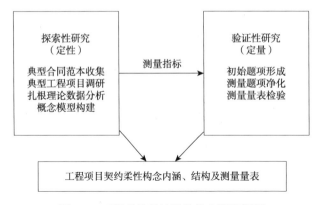

图 3.1　工程项目契约柔性构念研究框架

3.2　工程项目契约柔性构念界定

3.2.1　研究方法

本书采取管理科学领域内应用较为广泛的扎根理论研究方法，探索工程项目契约柔性的内涵及维度结构。该方法是由 Glaser 和 Strauss 共同提出的，经多年发展形成了 Glaser 的经典模式与 Strauss 和 Corbin 的模式。经典模式认为，扎根理论是一种独特的定性分析方法，重点关注的是理论的产生，以独特的标准进行评价；后者则认为扎根理论与一般定性方法具有共性，多用于理论和假设的验证，采用的是较为通用的一般定性评价方法[215]。本书较为认同前者的观点，将扎根理论视为一种独特的、具有自身操作程序和规范的科学研究方法，并应用于本书中。

具体来看，扎根理论研究允许研究者在缺少理论假设的情况下，从研究问题出发，直接深入实地调研获取数据，通过对详细文本资料数据的整理、分析与提炼，准确构建某构念的内涵与维度，是一种由下而上的构建实质性理论方法。同时，数据的收集与分析同步进行，能够实现理论与实践的互动，产生新的范畴，直至达到理论饱和状态，构建切实反映现象本质的理论。鉴于这种特性，该方法近年来被广泛应用到管理学领域理论的构建与研究中，甚至被视为基于中国管理实践情境，构建本土理论的重要方法[216]。该方法具有五个特点[215]：①关注自然状态。扎根理论研究立足于对情境化数据的规范收集、编码与分析，在资料获取的过程中，力求保持资料或受访者的自然状态，以开放的态度获取相关信息，而不是依赖理论对数据进行限制和约束。②广泛的数据及来源。作为用以产生概念性理论的方法，扎根理论注重数据及来源的多样化，文档资料、访谈数据、现场观察记录等都可以成为扎根理论研究的数据来源。研究问题及现有理论则为数据的获取提供一定的指导，用以推进连续的比较分析。③注重理论编码。编码是扎根理论将数据转变为理论的核心。这一过程受到研究者理论敏感性的影响，研究者是否能够在没有假设前提的情况下理解、分析数据，将之概念化形成理论模型，将直接影响编码过程与理论质量。④连续比较的逻辑脉络。首先，研究者需要对所识别出的各个事件进行比较分析，寻找各事件间内在同一性及差异化，形成相应的概念和假设。其次，对概念与多个事件间的关系进行比较分析，丰富概念的内涵及假设。最后，对比分析各概念，进而整合提炼形成理论。⑤评价标准。扎根理论研究成果质量的判断有着自身的标准，即匹配，理论要与数据情境相结合；有效，理论要能够对情境中事件进行预测、解释和理解；切题，理论要揭示研究问题的核心；可变，理论是动态发展的。

　　综上，本书选择扎根理论研究方法的理由：①本书的目的之一在于结合具体项目契约情境，探究工程项目契约柔性的内涵及维度。与其他研究方法相比，扎根理论则是实现新概念形成和理解的重要方式，适用于探索尚未得到充分描述与实践情境紧密结合的构念。②扎根理论为本书提供了新的研究机会。该方法强调研究者的客观视角，以此解析情境中行为主体的主观意义，从情境中提炼概念和理论。这有利于本书在摆脱现有理论的束缚下，更为系统、全面、客观地开展研究，为概念的分析与提炼提供全新的机会。

3.2.2　研究设计与实施

本书设计了五个步骤的扎根理论研究过程，以此完成研究任务，具体如下。

1. 专家讨论

与工程项目契约研究领域的有关专家开展讨论，同时回顾现有理论成果，对工程项目契约柔性的概念、实践应用情况等形成初步理解，以此指导数据来源选择。结合研究目的与内容，本书将合同文本资料收集与深度访谈作为获取相关资料的主要途径。其中，合同文本资料收集能够为研究提供真实、客观的资料，而深度访谈则能通过与受访者的交流探究合同文本资料收集所不能涵盖的内容，两者互为补充。

2. 合同文本资料收集

在本书中，合同文本主要包括两类：其一，工程项目合同范本，即工程项目领域中标准的行业规范与行业技术协会等组织，建立了用于指导项目合同管理的规范合同范本，形成对实践活动的有效指导。因此，本书选取被广泛应用于工程项目合同管理实践的合同范本作为分析数据，其主要包括：由国际咨询工程师联合会（Fédération Internationale Des Ingénieurs-Conseils，FIDIC）制定的 2017 版《生产设备和设计-建造合同条件》《施工合同条件》《设计-采购-施工与交钥匙工程合同条件》；我国住房和城乡建设部制定的 2015 版《建设工程施工合同（示范文本）》、2016 版《建设工程勘察合同（示范文本）》，以及 2017 版《建设工程设计合同（示范文本）》。

其二，典型项目案例的合同文本。合同范本通常被用于通用条款的框架设计，其条款内容及专用条款要结合具体项目情境进行调整与完善。因此，本书将搜集典型项目案例的合同文本，将合同文件中的合同协议书、技术协议书、通用合同条件、专用合同条件、中标通知书与投标文件作为文本资料的重心，用以支撑具体合同条款内容分析。鉴于合同文本在各企业中均有着重要的地位，属于需保密的企业文件，因此本书主要从有过良好合作经验的企业方搜集相关数据。尽管数量有限，但能确保合同文本的真实性与完整性。共计收集典型项目案例合同范本和样本各 7 份。上述样本数据基本情况如表 3.1 所示。

表 3.1　合同文本样本数据基本情况

文本类型	文本名称	编码
合同范本	FIDIC 2017 版《生产设备和设计-建造合同条件》	M_{01}
	FIDIC 2017 版《施工合同条件》	M_{02}
	FIDIC 2017 版《设计-采购-施工与交钥匙工程合同条件》	M_{03}
	FIDIC 2017 版《设计合同》	M_{04}
	我国住房和城乡建设部制定的 2015 版《建设工程施工合同（示范文本）》	M_{05}
	我国住房和城乡建设部制定的 2016 版《建设工程勘察合同（示范文本）》	M_{06}
	我国住房和城乡建设部制定的 2017 版《建设工程设计合同（示范文本）》	M_{07}
合同样本	市政道路建设施工合同文本 A	M_{08}
	冶炼工程 EPC 总承包合同文本 B	M_{09}
	装饰装修设计施工合同文本 C	M_{10}
	住宅房屋施工采购合同文本 D	M_{11}
	桥梁建设施工合同文本 E	M_{12}
	商用建筑设计合同文本 F	M_{13}
	地铁工程项目建设施工合同文本 G	M_{14}

注：为保护案例隐私，本书以字母代替典型工程项目案例合同名称；EPC：engineering procurement construction，工程总承包

3. 深度访谈

本书采用了两个阶段的筛选过程来选取访谈对象：第一阶段，典型工程项目企业的筛选。一方面，所选取的企业要具有良好的绩效水平，尤其是在项目契约运用与管理方面已形成较为良好的管理体系；另一方面，为能够获取充分翔实的调研数据，本书以有过良好合作经历的企业为首选对象，同时逐步接触新企业，努力开发和培养能够充分交流沟通的合作单位。最终，共选取了 7 家典型企业，其中，建设施工类 3 家，工程设计类 2 家，EPC 总包类 1 家，装修施工类 1 家。企业类型的多样性，也在一定程度上有助于提升访谈数据间的多种验证。

第二阶段，典型项目参与者的筛选。本书目的之一是探究工程项目契约柔性的内涵及维度结构，需要访谈对象能较为深入地理解和认识项目契约的签订、执行及管理等一系列过程。因此在选定典型工程企业的基础上，本书从企业中选取 2~4 名对项目契约的签订、执行及管理等全过程具有深入了解或高度参与的人员为访谈的重点对象，如工程项目经理、合同经理、市场部负责人、项目执行主要负责人等。最终共计访谈 24 名人员，所有受访者的项目经验均在 4 年以上，且所交流的项目具有较好绩效表现。对受访者进行编号，即 A_{01}~A_{24}，具体信息如表 3.2 所示。

表 3.2　访谈对象的基本情况表

受访对象	企业类型	年龄/岁	职位	项目经验/年	时间	时长/小时
A_{01}	建设施工	29	项目经理	4	2016/9/2	1
A_{02}	建设施工	30	合同经理	6	2016/9/2	0.8
A_{03}	工程设计	40	设计部部长	12	2016/10/9	0.5
A_{04}	工程设计	35	合同经理	9	2016/10/23	1
A_{05}	EPC 总包	32	项目经理	8	2016/11/13	1.2
A_{06}	建设施工	38	工程师	11	2017/4/22	0.9
A_{07}	装修施工	42	施工负责人	20	2017/4/22	1
A_{08}	建设施工	39	工程师	15	2017/6/7	1
A_{09}	建设施工	31	合同经理	8	2017/6/7	0.5
A_{10}	工程设计	32	设计部部长	9	2017/6/21	0.5
A_{11}	建设施工	41	合同经理	13	2017/8/10	1.3
A_{12}	工程设计	35	设计负责人	9	2017/8/10	1
A_{13}	EPC 总包	42	项目经理	18	2017/8/10	1.5

续表

受访对象	企业类型	年龄/岁	职位	项目经验/年	时间	时长/小时
A_{14}	建设施工	48	工程师	23	2017/10/24	1
A_{15}	装修施工	27	施工负责人	4	2017/10/24	0.9
A_{16}	装修施工	30	合同经理	4	2017/10/24	1.1
A_{17}	工程设计	30	项目经理	5	2017/11/17	1.4
A_{18}	装修施工	37	施工负责人	10	2017/11/18	1.2
A_{19}	EPC 总包	29	合同经理	4	2017/11/19	0.9
A_{20}	建设施工	31	合同经理	7	2017/12/11	1
A_{21}	建设施工	42	项目经理	15	2017/12/11	1.4
A_{22}	工程设计	45	设计部部长	22	2018/3/11	1.6
A_{23}	建设施工	31	合同经理	7	2018/3/11	0.9
A_{24}	装修施工	37	项目经理	9	2018/3/12	0.6

在实施访谈前，本书设计了半结构化的开放式访谈提纲，如附录 A。通过对现有研究的研读，本书发现项目合同等文字化、有形文本并不能完全涵盖项目契约的本质与价值，因此访谈提纲的设计不仅包括了对项目合同内容的探究，还将研究范围扩展到项目有形与无形契约的形成、执行、监管、合作关系情况等契约全过程。同时，尽量避免使用"柔性"等内涵较为模糊的概念，而是从项目契约本身的签订与履约入手，针对条款内容及履约两方面，通过"契约是否详细规定了未来可能出现的情况""履约过程中如何处理意外事项"等较为口语化的问题，要求受访者对契约柔性的表现进行描述和解释。

除去基本信息及说明外，访谈提纲主要包括三部分问题：①对工程项目契约基本信息的提问，如"该项目采用的承发包模式是什么（如总包、设计分包、施工分包等）？"。②对工程项目契约内容结构的提问，如"签订该项目合同时，除价格外，还有哪些合同内容或条款受到您的重视？请举例详细说明"。③对工程项目契约履约过程的提问，如"在项目实施中，合同条款的变更或再谈判一般涉及哪些内容、方面或问题？请举例说明"。

在访谈实施过程中，将开放式的访谈提纲提前 1~2 天发送给受访者，约定访谈时间和地点，以便让受访者提前熟悉访谈内容，做好受访准备。同时，也给研究预留准备时间，结合具体受访对象进行提纲调整、业务领域的基本了解等。访谈的具体实施，采用一对一面谈方式进行，平均访谈时长 30~60 分钟。依据访谈效果与受访者作答，对访谈的具体问题进行适当的扩展细化，适当延长或调整访谈时间。在经受访者允许的情况下，对访谈过程全程录音，所有访谈者及访谈数据均进行了匿名处理，以保护受访者信息及隐私。在每次完成访谈后，本书将访谈录音转录形成文字稿，结合笔记进行整理成为文本数据，进行访谈内容初步分析，总结访谈成果。对于未能清晰、准确记录的内容及时进行回访确认。本书共形成访谈样本 24 份，包括 18G 的录音文件、约 3.5 万字的访谈记录。

4. 数据编码分析

考虑到在全部调研访谈过程中，研究者对研究问题的逐步深入及研究方法的熟练，后期阶段开展的访谈相对前期阶段的访谈在结果上有着较高的质量和有效性。因此，本书将全部合同文本数据与按时间排序的前 20 份访谈数据合并，作为扎根理论数据编码分析的主体数据。剩余的 4 份样本数据用于编码结果的补充和检验，以查看编码结果是否达到理论饱和状态。

为提升编码分析的有效性，实现数据间的交互与对话，本书的数据编码包括了四个环节的互动：①合同文本资料的编码。对合同文本数据内容进行编码分析，识别合同文本中能够表征柔性的要素。②20 份访谈数据的编码。对访谈数据资料进行编码分析，识别契约柔性的外在表现形式。③对比合同文本与 20 份访谈数据编码结果。通过前两个环节编码结果的对比分析，在实现数据间互补的同时，形成数据间的三角检验。④理论饱和度检验。以同样的编码方法对剩余的 4 份样本数据进行编码，用以检验前述编码结果是否达到理论饱和状态。

本书采用了"自下而上"的编码逻辑思路，严格遵照扎根理论的三阶段编码过程，即开放性编码、主轴编码及选择性编码。首先对文本资料中的事件节点进行编码，其次以逐步逐层合并归类的方式，构建事件节点间的内在关联，以此作为范畴乃至主范畴的类属进行归并与提炼，直至达到理论饱和状态，形成概念模型。鉴于单纯的人工编码过程工作量较大且操作烦琐，容易受到编码者主观因素的影响，本书将数据资料导入质性分析软件 NVivo10 中，以分析软件辅助编码分析过程。该软件中的"查询"功能能够对文本资料进行复查，对可能存在的概念和节点的遗漏进行检查和修订，以此提升本书中编码过程及结果的准确性；同时，软件自身带有"聚类分析"功能，可以自动对文本资料和节点进行归类分组，这在一定程度上降低了研究者的主观因素影响，可以作为研究小组讨论与分析的辅助，实现数据资料处理过程的科学性、客观性与有效性。

5. 模型构建

基于扎根理论编码结果，本书在分析契约柔性形成来源的基础上，对工程项目契约柔性及其维度构成进行概念化的界定，通过扎根理论研究完成故事线的描述，剖析构念及维度的内涵、表现形式等，进而构建本书中的工程项目契约柔性构念模型。

3.2.3　基于扎根理论的数据编码分析

1. 开放性编码

开放性编码旨在按照一定的原则对大量的数据资料进行逐级分析，用恰当的概念与范畴来反映资料内容，以识别资料中的事件、界定概念、发现范畴。具体来说，开放性编码需要对数据资料中的基本单位事件进行识别与比较。本书中，事件识别的基本依据包括：①项目合同内容中设计的能够应对未来不确定事项条款内容。该内容可以是明确的合同条款，也可以是对事项的指导性条款。②项目过程中，为应对意外事项或风险所采取的灵活处理措施。③项目过程中，合作各方为应对意外事项或风险所实施的各项活动或行为。④受访对象对某不确定性应对行为的解释和说明。另外，为提升编码结果的可靠性与有效性，本阶段的编码是与资料收集过程同步进行的，以编码的结果重新调整样本选取标准、访谈提纲等，实现资料获取与编码间的交流补充。

按上述标准进行事件的识别，以恰当的概念进行命名。这些概念有的来自资料数据中的描述，有的来自理论及研究者赋予的新意义。在事件概念命名的基础上，对事件间进行对比分析，寻找它们之间的相似与相异之处，以加深对事件及概念内涵的理解，检验概念的恰当性与适当性，进而实现概念范畴、范畴性质及结构的分析提炼，如：

例 3.1

M_{03}-FIDIC 2017 版《设计-采购-施工与交钥匙工程合同条件》：如果雇主在发出变更指示前要求承包商提出一份建议书，承包商应尽快做出书面回应，或提出他不能照办的理由（如果情况如此），或提交：①对建议的设计和（或）要完成的工作的说明，以及实施的进度计划；②根据 8.3 款［进度计划］和竣工时间的要求，承包商对进度计划做出必要修改的建议书；③承包商对调整合同价格的建议书……　→［概念提取］：变更程序。

A_{02}-访谈资料：这是与市政单位的道路翻新项目，工期比较紧张。考虑到合作比较久，彼此熟悉，签订一个很开放的合同。很多问题都是在事后商定来解决的，再谈判、临时的授权是比较常见的情况……　→［概念提取］：事后再谈判条款。

为确保研究效率，本书对仅出现 1 次或 2 次的事件概念进行剔除，保留出现频次大于等于 3 次的概念。经上述过程，本书共提炼出事件 1 417 个。在此基础上，本书对各概念的内涵、彼此的关联性进行分析探讨，对关系密切、内涵相同、性质相近的概念进行反思，进而对概念进行合并与归类，实现对概念的进一步凝练与筛选，最终得到基本概念 49 个。分析过程如例 3.2 所示。

例 3.2

"A01：工程项目的价格调整是较为普遍的，如材料的采购价，在前期我们会与业主商定一个小幅度可接受的调价区间，在区间内的变动是允许的"中，合同价款的可调整范围反映了合同内容对未来变化的多种响应措施，因此将其命名为"调价区间"；"A03：对于项目整体成本，业主要求我们在设计上给予控制，限定在一定的合理范围内"中体现的则是项目成本的限定，提炼为"成本变动范围"；"A05：项目工期通常是比较固定的，但我们与业主也会在合同中约定一个范围，允许我们在范围内进行调整"中，项目工期问题是条款内容范围的核心，提炼为"工期浮动范围"。比较三者，虽然设计的内容有差异，但均反映的是合同条款对未来多种可能情境的预判，进而事前设定了浮动范围，因此可归类为一个范畴，命名为"条款浮动范围"。

接着，本书对 49 个概念开展进一步的分析，通过对比各概念的内涵、性质及内在联系，对概念进行范畴提炼，最终得到 11 个副范畴（范畴及部分概念示例如表 3.3 所示），包括未来事项可预测性、应对成本、条款浮动范围、条款完备性、事后条款可调整性、事后再谈判条款、工程变更权限、履约严格程度、事后再谈判、非正式契约运用及自主管理权力。

表 3.3　开放性编码概念提炼示例

副范畴	原始语句（初始概念）部分示例
未来事项可预测性	A04：工程项目总是会遇到各种意外，不过凭借多年经验，我们可以提前预判各种可能性，识别分析潜在风险，与业主协商在合同中提前设计解决方案。（可预见事项）
	A11：在施工过程中发生了比较严重的雾霾，导致施工被严重延误了，远远超出了前期的估计，不得不与业主重新商定如何解决后续影响。（无法预见的意外事项）
	A19：项目材料的价款会有一定的调整幅度，但这个项目遇到了采购难题，材料支出远超预计范围，只能尝试让业主给予帮助，降低损失。（超出预计的意外）
应对成本	A05：与业主的良好关系对项目是有益的，很多问题可以以较少的投入，得到灵活有效的解决。（关系成本）
	A13：这个项目的业主是外国公司，他们很注重合同的签订。我们花费了 3 个月的时间来讨论合同条款，投入了大量精力，希望提前解决未来的风险。（签约成本）
条款浮动范围	A01：工程项目的价格调整是较为普遍的，如材料的采购价，在前期我们会与业主商定一个小幅度可接受的调价区间，在区间内的变动是允许的。（调价区间）

续表

副范畴	原始语句（初始概念）部分示例
条款 浮动范围	A₀₃：对于项目整体成本，业主要求我们在设计上给予控制，限定在一定的合理范围内。（成本变动范围）
	A₀₅：项目工期通常是比较固定的，但我们与业主也会在合同中约定一个范围，允许我们在范围内进行调整。（工期浮动范围）
条款 完备性	A₀₂：工程项目的不确定因素很多，所以在签订合同时，业主与我们会尽可能全面地预判未来，这点在国际项目中更是工作重点。（详细风险识别）
	A₀₄：如果时间和成本允许，我们会尽量在合同中写清楚所有可能，这样可以很好地指导以后的工作，不会措手不及。（全面预判）
	A₀₈：依据以往的经验，我们通常会在合同中设计完善的方案，用来应对未来的各种可能或是意外。（完善方案设计）
事后条款 可调整性	A₁₄：项目工期是比较容易出现偏差的。为了更好地开展合作，落实项目，在契约中我们会提前设计好工期调整的规则、程序等。（事后工期可调整）
	A₁₁：合同价格是商务谈判的重要内容，因此对于价格调整的规定也是很详细的，尽管事后不会轻易地变化，但也要在合同中规定事后如何根据变化进行调整。（事后价格可调整）
	A₂₀：通常来说，成本控制的责任主体在于承包方。若事后发生了某些系统性的风险，如经济、政治方面的意外变化，业主还是会在合同中约定允许对成本问题进行协商或更改的。（事后成本可调整）
事后再 谈判条款	A₀₉：再谈判条款在工程项目契约中是很常见的，对于事前无法明确的内容，我们都会协商设计再谈判的基本原则，指导后续活动。（事后再谈判原则）
	A₁₁：再谈判是有着明确的实施程序的，这一点业主与我们会在合同中进行明确的限定。（事后再谈判程序）
	A₁₈：事后谈判是需要花费成本的，所以是否启动再谈判是很重要的决策，需要我们提前在契约条款中给予明确。（事后再谈判启动条件）
工程 变更权限	A₁₅：工程量的变更在项目中是比较常见的，契约中对工程量变更会进行比较详细的设计，允许根据实际情况进行调整。（工程量变更）
	A₁₃：工程价格变更通常是因其他变更而产生的，这在工程项目中是比较普遍存在的，承包方在一定的范围内是可以依据合同规定提出变更申请的。（工程价格变更）
	A₁₈：项目中材料变更通常是由于成本或质量方面的考量，在满足设计的情况下，可以和业主进行协商，对合同中规定的材料进行替换或是更改。（工程材料变更）
履约 严格程度	A₁₆：当环境发生变化时，我们也会与业主进行商讨，在小范围内可能会出现与合同规定不一致，但对项目有利的做法。（监督严格程度）
	A₁₁：对于关键点，业主是要严格考核。对于小的问题，如当天气不好时的开工时间等，虽然有规定，但考核还是要兼顾实际的。（考核严格程度）
	A₂₀：对于能够及时纠正，影响较小的错误，业主也会持包容态度。（惩处严格程度）
事后 再谈判	A₀₄：工程项目不确定的事情太多了，前期要是都在合同中进行规定是不可能的。对于一些问题，我们会留待实施阶段进行再协商。（事前留白再谈判）
	A₁₀：环境是不断变化的，事前签订的合同条款很可能不能适应新的情况。这时候我们和业主就会重新协商谈判，签订新的条款。（不适合条款再谈判）
	A₀₇：有些事情我们在签合同时是预测不到的，事情发生后可能在合同也找不到相关的有效规定，这时就需要重新谈判了。（事后意外风险再谈判）
非正式 契约运用	A₁₅：行业惯例在工程施工过程中是普遍采用的标准，这些在合同中是很难规定和说清楚的。（运用惯例）
	A₁₂：声誉对于承包方很重要，业主往往根据声誉水平来决定对我们的态度。声誉如果好，业主也会给我们更多的信任与支持，履约也更灵活。（声誉作用）
	A₁₃：与长期合作的业主，我们的关系特征就是对彼此的信任，他们也相信我们不会欺骗或糊弄他们。（关系承诺）

副范畴	原始语句（初始概念）部分示例
自主 管理权力	A$_{01}$：施工现场的很多问题，业主或监理是很难照顾到方方面面的，我们作为施工方是可以在一定范围内全权处理的。（意外事项自主应对） A$_{03}$：项目合同做不到事无巨细，所以会存在空白点。作为承包方是可以独立解决，而不用事事向业主汇报，但对于较大的问题，会事后报备。（留白范围自主决策） A$_{17}$：工程项目的实施比较烦琐，也受到各种因素的影响，这就需要我们承包商根据变化进行适时调整，而不是只看合同办事。（依据变化自主调整）

2. 主轴编码

主轴编码是将各个相对独立的范畴联系起来，挖掘范畴之间的内在形式与关联。依据 Strauss 和 Corbin 提出的分析模式，主轴编码可以按照"前因—现象—情境—影响因素—行动—结果"六个方面进行分析，通过因果、时间、语义、情境、功能等关系类型的探究，将开放性编码所得的概念范畴进行关联[217]。

如表 3.4 所示，对前述 11 个副范畴分析发现，前两个范畴（未来事项可预测性、应对成本）体现的是项目不确定性的属性，反映了不确定性的可预测程度以及应对所需投入；而条款浮动范围、条款完备性、事后条款可调整性、事后再谈判条款及工程变更权限 5 个范畴，体现的是项目契约条款为适应项目内外环境变化或未来风险而设计的可变动程度，反映的是项目契约条款内容提供的"柔性能力"；最后 4 个范畴（履约严格程度、事后再谈判、非正式契约运用与自主管理权力）描述的是在项目履约过程中，为应对意外事项或风险，项目各方借助非正式契约、合作关系、权力授予等形式而形成的"柔性能力"。结合 Kujala 等[6]对契约柔性形成的分析及维度的划分，本书将上述三类范畴提炼为 3 个主范畴，即"项目不确定性"、"契约内容柔性"与"契约执行柔性"。

表 3.4　主轴编码范畴结果

主范畴	副范畴	范畴内涵
项目 不确定性	未来事项 可预测性	可预测性，指的是工程项目签约阶段，对项目未来各类可能事项的事前预判可能性。其影响了项目承发包对未来的预期，进而影响项目契约内容设计，以及交易双方关系状况
	应对成本	应对成本，指的是在项目签约及履约过程中，项目承发包双方为有效解决各类事项而发生的各类投入或成本。该成本是交易各方衡量投入与收益的重要标准，影响着项目契约设计及履行
契约 内容柔性	条款 浮动范围	契约条款中所设定的浮动范围能够在价格、工期、质量等方面提供可变动的区域，用以响应未来的预期变化，在本质上体现的是契约条款内容对未来不同情况的适应程度，是契约内容柔性的构成
	条款 完备性	契约条款的完备程度体现的是对未来可能性的提前预期，条款越是完备，越能有效应对各种可能变化，构成了契约内容柔性的一部分
	事后条款 可调整性	事后条款可调整性是在条款中对事后可调整的内容、规则、程序或方式等进行设计和限定，指导签约后对条款内容的修改与完善，提升条款对未来环境的应变能力，是契约内容柔性的重要组成部分

主范畴	副范畴	范畴内涵
契约内容柔性	事后再谈判条款	事后再谈判条款对需要在未来进行再谈判的问题进行了设计，如再谈判的内容、程序、原则、启动条件等，确保契约未包含事项，或暂时无法明晰事项能在事后得以明确和再设计，实现对契约的事后修改、优化与完善
	工程变更权限	工程变更是工程项目实施过程中的普遍现象，对该权限的设计反映了允许业主或承包方提出、批准及实施变更的能力，能够在环境与预期发生偏差时及时调整原契约内容，满足新需求变化，是契约内容柔性的组成部分
契约执行柔性	履约严格程度	履约严格程度体现的是契约内容在项目实施中的重要性。若业主不将契约条款作为承包方一切行为的准则，说明履约严格程度较低，承包方能够以更灵活的方式执行契约条款规定的内容，而不是一味按合同办事，不知变通。因此，履约严格程度是契约执行柔性水平的重要体现
	事后再谈判	除契约内容规定的再谈判内容外，履约过程中针对意外、突发或不明晰事项，采取的再谈判行动是对契约条款的补充和完善，可以根据具体实施环境重新商定契约内容，提升契约执行过程中的灵活性
	非正式契约运用	非正式契约是以业主-承包方关系为基础形成的，其在某些方面要比正式契约更加灵活且低成本地处理不确定事项或风险，进而代替正式契约，更好地满足项目实施过程中的需求，成为契约执行柔性的组成部分
	自主管理权力	自主管理权力是承包方在业主允许范围内自行决策、解决意外事项或风险，经济、快速调整契约内容及执行的权限。该权力的授予与运用让履约过程更好地适应项目情境，确保项目顺利进行。在本质上体现的是双方基于关系而非合同构建的信任或承诺，成为契约执行柔性的一部分

3. 选择性编码

选择性编码的目的是核心范畴的进一步提取，构建其他范畴与核心范畴的关联。该过程的工作包括：其一，识别能够统领其他范畴的核心范畴；其二，以范畴的内涵、性质及关系等阐释事件现象，构建故事线；其三，以资料为基础检验核心范畴与其他范畴的联结关系；其四，不断完善范畴内涵、性质及特征等[217]。找出的核心范畴能在较宽泛的层次上将所有范畴进行集中和抽象。

按照上述过程，本书最终提炼的核心范畴为"工程项目契约柔性"。围绕该核心范畴，其故事线可以描述如下：工程项目契约柔性的形成源于对项目不确定性的有效应对，需要综合考虑不确定性的可预测程度与应对成本，构建相应的柔性策略，其内在由契约内容柔性和契约执行柔性共同组成。其中，契约内容柔性构成了项目契约关系的基础，能够在契约条款适应性方面为项目契约注入柔性要素；契约执行柔性则体现履约的灵活性，以关系要素为基础，为项目契约注入柔性要素。以该故事线为基础，本书构建了工程项目契约柔性的概念模型（见3.2.4小节）。

4. 理论饱和度检验

为检验理论饱和度，本书将后 4 份样本数据作为新的质性材料，再次进行三阶段的编码分析。鉴于研究样本的收集是按照连续比较、调整的步骤实施的，后

4 份样本数据相对前 20 份材料内容更为充实。同时，样本的确定遵循了尽量排除内容相同数据对象的原则，尽可能地增加数据的范围与多样性，避免同类数据过多导致研究偏差。因此，后 4 份样本数据能够实现对前述研究结果的验证与检验。编码结果显示，后 4 份样本数据中没有发现新的概念、范畴或内容。可见，已得到的研究结果达到了饱和度要求。

另外，为保证质性研究的信效度，本书采取了多种策略。在信度方面：①研究采纳了开放式的访谈，围绕核心构念与专业人员开展深度交流，保证数据内容能够表征研究构念；②严格遵循规范的扎根理论数据编码与分析程序，确保研究外在信度；③本书的数据收集与编码由一名博士生主导、一名教授及另一名博士生辅助，彼此交流支撑，避免研究的主观偏见；④概念、范畴等的生成以受访者的语言为基础，提炼更为符合受访者所想表达的内容，支撑研究的准确性。在效度方面：①在数据分析及编码过程中，研究者彼此交流，相互检查、反思，对同一份数据进行多次分析与检验，提升编码的有效性；②与受访者进行二次回访，实现编码内容的反馈确认、深入解读与模糊问题的明确等；③合同文本、访谈数据与记录之间形成三角检验，进一步提升研究效度；④将研究结果与现有理论进行对话，两者间既有相同点，又有新的发现，由此进一步提升研究的外部效度。

3.2.4　构念模型构建

首先，一方面，项目的不确定性是一种信息缺乏的状态，是由必须信息与所掌握信息之间的差异引起的[218]，体现为对不确定因素的可预测性及结果影响程度的差异。另一方面，契约的不完全性主要源于缔约各方认知有限性与信息不完全性。由于无法识别出未来的所有可能事项，项目缔约双方只能签订不完全的契约；同时，考虑到交易成本，缔约双方不会过于追求契约的完备性[219]。柔性的注入正是为了实现对未来不确定事项的有效响应。由此，在契约柔性的构建过程中，不仅需要考虑项目的不确定性的可预测程度，还要兼顾缔约成本。

其次，从扎根理论研究结果来看，工程项目的契约不只限于正式合同，还是交易关系的反映。契约柔性的本质体现为对环境变化的及时适应与调整能力，其根源形成于工程项目不确定性与契约天然不完备性的主客观需求。因此，本书以扎根理论研究结果为基础，结合现有理论，将承包方视角下工程项目契约柔性界定如下：承包方能够在合同签订及执行过程中，依据合同规定或在预留空间内，经济、快速响应项目不确定性的积极动态适应、灵活调整的能力。该能力包括：基于项目正式合同条款，承包方对不确定事项的适应性；基于交易关系属性，承包方在项目执行过程中非正式契约使用的替代性，即工程项目契约柔性包括工程项目契约内容柔性（project contract content flexibility，PCCF）与工程项目契约执行柔性（project contract executing flexibility，PCEF）。

具体来看，工程项目契约内容柔性体现为契约内容条款的两类"适应性"。其一，适应性反映的是项目合同条款的完备程度，如副范畴"条款浮动范围"与"条款完备性"，通过提前对未来各类情况的预测，尽可能全面地对不确定性因素进行识别分析，让正式合同可以涵盖未来的各种可能性，设计相适宜的柔性条款，预设规定和指导，提升合同对可预测且成本较低的不确定性的动态适应性，以合同内容的不变应万变。

其二，适应性体现为合同的预留可选择空间，如副范畴"事后条款可调整性"、"事后再谈判条款"以及"工程变更权限"。这种空间的预留又包括了主动选择与被动选择两个方面[220]：①主动选择，意味着在条款中指明了项目执行过程中允许进行调整、再谈判等程序的具体条件或情况。该策略在初步识别可能出现的意外情况后，选择暂时搁置，主动设置未来的选择空间，将不确定性留待情况发生时解决，以降低签约成本，即应对的是可预测，但签约成本较高而关系成本较低的不确定性。②被动选择，指的是在签约阶段由于信息不足等原因，无法识别未来的不确定因素，而完全依赖关系又得不到必然保障的情况。由于无法预测不确定性，签约成本和关系成本都很高。此时，设置某些指导性或较为模糊的条款，以待进一步获取更多资料与数据后，通过再谈判重新签订新的或补充合同，实现对未来变化的灵活响应[6, 17]。

工程项目契约执行柔性的基础是交易双方通过互动所构建的良好关系，以及关系契约。其实现的途径更加灵活，体现为在合同预留或未能包含的合理空间内，以信任、承诺、沟通等关系要素或规则，灵活应对意外事项，或替代正式合同来解决项目实施过程中出现的问题，目的在于以快速、灵活、低成本的方式处理履约过程中出现的合同内容未能包括、不适用或未清晰规定的状态，推进项目落实与双方合作，体现为"可替代性"。

一方面，当正式合同条款不适用于新情境，或出现未能预见到的情况时，实施重新谈判签订正式合同可能会付出较多的人力、物力、时间等，交易双方则可以诉诸关系来快速、经济地应对新情况；另一方面，鉴于签约成本的约束，项目正式合同难以对所有的细枝末节进行明确的规定。此时，业主更倾向通过合作、互信的关系来解决问题，给予承包方更多的自由来自行处理问题，而不是严格审查或审批每项事务，以成本较低的关系弥补正式契约的不完备性。

需要指出的是，作为一种履约过程中的灵活调整，契约执行柔性并不能完全替代正式合同的作用。依赖交易关系处理合同未能涵盖的意外事项，其前提在于关系成本低于重新签订合同的成本，且业主愿意相信承包方能够站在自己的立场去解决问题。因此，当不具备上述条件时，正式合同的重新签订依旧是意外事项的首选应对策略，双方将不得不重启再谈判程序以制定新契约，或终止合同或项目。

综上，本书构建了工程项目契约柔性构念模型，如图 3.2 所示。

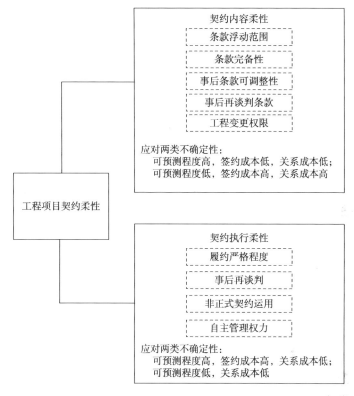

图 3.2　工程项目契约柔性构念模型

3.3　工程项目契约柔性构念测量

3.3.1　研究设计与实施

为实现工程项目契约柔性构念测量量表的开发及验证，本书依据较为成熟且通用的量表开发、验证方法及程序，设计了研究及实施过程，具体如下：

第一，在扎根理论研究的基础上，结合相关文献及定性研究资料，对工程项目契约柔性构念及其维度进行操作化的界定。

第二，通过文献研读、访谈分析与专家讨论，生成"项目契约柔性"构念最初的测量题项。随后，采用专家建议方法对题项进行审查、筛选、修改，提升量表题项表面效度与内容效度，形成测量量表的初始测量题项。

第三，开展预调研，使用初始测量题项设计调查问卷，以获取定量数据。通过内部一致性及探索性因子分析，对初始测量题项的信度进行检验，实现对初始题项的净化、问卷的初步设计与修正等，为正式调研奠定基础。

第四，采用随机抽样法开展正式调研，对测量量表的信度与效度进行检验，依据结果对量表进行完善与修订。

第五，生成通过信效度检验，符合各项指标要求，具有良好信效度水平的工程项目契约柔性构念测量量表。

3.3.2　测量题项初步生成

1. 概念的操作化界定

概念的操作化界定，指的是设计一组特定、用于指明研究概念的测量指标。依据前文中的扎根理论研究结果，结合现有理论研究成果，本书以契约适应性来衡量契约内容柔性，以契约可替代性来衡量契约的执行柔性，共同表征衡量工程项目契约柔性构念，实现对概念的操作化界定。

2. 初始测量题项生成

初始测量题项生成是以扎根理论研究过程中出现的资料或访谈的原始语句为基础的，借鉴现有相近量表，将价格柔性[4, 135]、事后再谈判[36]、非正式契约替代性[6]纳入本书，通过与现有契约柔性测量相关研究的比较分析，确定题项的准确表达。在这一过程中，本书借鉴了专家访谈法，邀请了工程项目管理领域的专家辅助量表题项的完善与修订，以保证测量题项的表面效度与内容效度，具体来看：

（1）邀请从事工程项目领域研究的1名教授、2名教师及3名博士生对设计的测量题项进行阅读，要求他们标记不能理解或表达不清的题项。依据他们的反馈修改或剔除测量题项，重复此过程直至再无问题反馈。

（2）将本书的构念及其维度内涵讲解给上述人员，要求他们根据自身对构念的理解，将修改后的所有题项划分到适应性与替代性两类，标记出无法归类或属于多个维度的测量题项，并再次修改或剔除。重复上述过程，直至所有题项均属于某一个维度，且不存在无法归类的题项。

（3）为了确保题项内容能够更准确地反映实践情境，本书将调整后的题项发送给8名工程领域项目团队人员，请他们再次对题项进行阅读和评判，根据反馈实施又一轮的题项修正。

（4）经上述三个过程测量题项的修正与完善，本书共设计了 18 个题项，如表 3.5 所示，用以测量工程项目契约柔性，形成构念初始测量量表。

表 3.5　工程项目契约柔性构念初始测量量表

题项
CF_1：合同条款设置了一定的浮动范围，来应对潜在风险或不确定性事项
CF_2：针对潜在风险，合同条款能够提供相应的应对方案
CF_3：针对潜在风险或不确定事项，合同条款设置了调整的基本依据或原则
CF_4：合同条款基本涵盖了我们所能提前预见的各类情况及相应方案
CF_5：合同允许针对某些问题在事后对条款进行补充、调整或完善
CF_6：合同条款中的再谈判程序是灵活的
CF_7：当面对意外事件时，合同条款允许实施再谈判
CF_8：对于前期不能进行清晰说明的内容，我们会在合同中注明，并于事后进行及时完善
CF_9：依据合同条款，我们可以较为容易地提出合理变更申请
CF_{10}：合同中设计了较为合理、可行且灵活的工程变更程序及制度
EF_1：在履约过程中，业主要求严格执行合同条款（R）
EF_2：在履约过程中，合同并不是一切
EF_3：在履约过程中，业主允许调整不适用的合同条款
EF_4：针对前期合作不完备的地方，我们会在事后进行及时、经济的协商
EF_5：在履约过程中，业主也十分重视与我们的合作关系
EF_6：在履约过程中，业主会根据环境变化灵活调整合作方式与内容
EF_7：在履约过程中，我们具有一定的风险应对自主管理权力
EF_8：业主允许我们在一定范围内进行自主决策

3.3.3　测量题项净化

1. 问卷编制与数据收集

依据初始测量题项，本书设计编制了用于预调研的调研问卷，如附录 B。问卷分为三大部分：其一，基本概念描述，即对工程项目契约柔性进行界定与解释；其二，样本基本情况，即对样本的性别、年龄、学历、职位、项目类型进行收集，作为回收数据二次筛选的标准，确保样本数据的有效性与质量；其三，工程项目契约柔性测量，即采用利克特 5 点计分方法进行评分，要求答卷人根据实际情况进行回答。

预调研阶段数据收集时间为 2017 年 7 月至 10 月，样本获取渠道主要包括校友会成员、工商管理硕士/高级管理人员工商管理硕士学员以及有过合作的企业。同时，以部分调研对象为核心，在其帮助下寻找符合条件的新对象，扩展样本渠道。问卷发放以纸质版与电子版为主要形式，通过访谈、现场、网络平台等开展大规模问卷发放，范围包括北京、辽宁、上海、广东、福建等地。总计发放问卷 228 份，回收问卷 189 份，有效问卷 152 份，有效回收率为 66.7%。问卷数据及答卷人基本情况如表 3.6 所示，各地区所收集问卷数量基本持平，答卷人均具有较长的从业经历，这在一定程度上保证了调研数据的代表性与可靠性。

表 3.6　预调研样本基本情况

样本特征		数量	比例	样本特征		数量	比例
性别	男	101	66%	职位	项目经理	89	59%
	女	51	34%		技术人员	34	22%
年龄	<25 岁	10	7%		合同经理	29	19%
	25~30 岁	19	13%	项目类型	建设承包	62	41%
	31~35 岁	87	57%		EPC 总承包	55	36%
	36~40 岁	21	14%		其他	35	23%
	>40 岁	15	10%	所在地	北京	27	18%
学历	专科	21	14%		辽宁	38	25%
	本科	92	61%		上海	28	18%
	研究生及以上	39	26%		广东	22	14%
					福建	25	16%
					其他	12	8%

2. 内部一致性信度分析

本书以 152 份预调研数据，采用目前使用较为普遍的项目-总体相关系数（CITC）与 Cronbach's α 系数对题项进行初步的净化，识别各题项对所测量构念的重要程度。具体操作包括：使用软件 SPSS 24.0 计算 CITC 以及各维度变量的 Cronbach's α 系数，结果如表 3.7 所示。若测量题项的 CITC<0.50，且将该题项删除后在满足 Cronbach's α>0.50 要求的同时得到了显著提升，则认为该题项应该被给予删除。经上述题项净化过程，本书在剔除题项 CF_3、CF_4、CF_7、CF_8、CF_{10}、EF_2、EF_4 及 EF_7 后，剩余 10 个题项，各题项的 CITC 值从 0.506 到 0.685，均大于 0.50，且 Cronbach's α 为 0.888，满足指标要求。

表 3.7　内部一致性信度和相关统计

题项	CITC 值	删除题项后的 Cronbach's α
CF_1	0.606	0.871
CF_2	0.630	0.870
CF_3	0.164	0.885
CF_4	0.480	0.876
CF_5	0.635	0.870
CF_6	0.653	0.870
CF_7	0.314	0.881
CF_8	0.496	0.875
CF_9	0.685	0.868
CF_{10}	0.353	0.880
EF_1	0.619	0.870
EF_2	0.455	0.877
EF_3	0.643	0.870
EF_4	0.326	0.881
EF_5	0.614	0.870
EF_6	0.529	0.874
EF_7	0.311	0.882
EF_8	0.506	0.875
题项净化后的 Cronbach's α	0.888	

3. 探索性因子分析

首先，本书使用软件 SPSS 24.0 计算剩余 10 个题项的相关性，进行 Bartlett's 球形检验及 KMO 检验，以评价样本数据可否适用于探索性因子分析，结果如表 3.8 所示。从结果来看，多数题项的相关系数均大于 0.30，且 KMO=0.801 > 0.8，Sig.=0.000，由此表明该样本适合进行探索性因子分析。

表 3.8　题项相关性、Bartlett's 球形检验及 KMO 检验结果

题项	CF_1	CF_2	CF_5	CF_6	CF_9	EF_1	EF_3	EF_5	EF_6	EF_8
CF_1	1.000									
CF_2	0.512	1.000								
CF_5	0.545	0.510	1.000							
CF_6	0.569	0.529	0.941	1.000						
CF_9	0.481	0.892	0.564	0.567	1.000					
EF_1	0.357	0.405	0.355	0.373	0.434	1.000				
EF_3	0.319	0.355	0.349	0.357	0.382	0.667	1.000			

续表

题项	CF_1	CF_2	CF_5	CF_6	CF_9	EF_1	EF_3	EF_5	EF_6	EF_8
EF_5	0.480	0.334	0.315	0.362	0.381	0.526	0.575	1.000		
EF_6	0.320	0.288	0.259	0.244	0.342	0.490	0.529	0.593	1.000	
EF_8	0.248	0.316	0.281	0.263	0.334	0.463	0.515	0.496	0.645	1.000
KMO 检验						0.801				
Bartlett's 球形检验	卡方值					1 083.883				
	df					45				
	Sig.					0.000				

其次，本书使用软件 SPSS 24.0 进行探索性因子分析，运用主成分分析，方差最大化正交旋转，按照特征值大于 1 的标准提取因子计算相关结果。然后依据因子载荷及累积解释方差变异来估计各测量指标是否应该保留，具体结果如表 3.9 所示。

表 3.9　探索性因子分析结果

题项	CITC 值	旋转后的因子载荷	
		因子 1	因子 2
CF_1	0.639	0.680	0.274
CF_2	0.637	0.779	0.243
CF_5	0.639	0.868	0.142
CF_6	0.583	0.879	0.148
CF_9	0.556	0.788	0.284
EF_1	0.591	0.311	0.713
EF_3	0.643	0.247	0.774
EF_5	0.631	0.269	0.751
EF_6	0.648	0.121	0.826
EF_8	0.686	0.135	0.779
累积解释方差变异		34.799%	66.982%
Cronbach's α	—	0.884	0.858

从结果来看，10 个题项可提取形成两个因子，累积解释方差变异为 66.982%。按照一般要求，各测量指标在某一维度中的因子载荷不应低于 0.60，且在其他维度中的因子载荷要低于 0.40。可见，现有题项能够较好地分属于两个因子，表明两组题项间具有较好的区别效度。同时，两因子的 Cronbach's α 分别为 0.884、0.858，均大于 0.7，表明同一因子的所属题项具有较好的内部一致性。由此，探索性因子分析的结果良好，且与本书前述研究结果形成了较好的印证。

因此，本书将两因子分别命名为项目契约内容柔性（因子 1）与项目契约执行柔性（因子 2），工程项目契约柔性构念的结构维度得到了初步验证。

3.3.4 正式调研与量表检验

1. 问卷编制与数据收集

在剔除了不合格题项后，使用净化后的题项及量表，形成正式调研问卷（附录 B 中除去斜体字题项的部分）。将正式问卷编辑成电子格式，包括 Word 版、网页版、微信版等多种形式，通过纸质版问卷的实地发放与电子版问卷的网络发放同时实施数据回收。问卷的发放对象与预调研问卷发放相同。问卷的发放及回收时间从 2017 年 10 月至 2018 年 2 月，总计发放问卷 330 份，回收 254 份，剔除错答、漏答等无效问卷后，共得到有效问卷 224 份，有效回收率为 67.9%。同时，本书所收集样本数量是模型中测量指标构成最多的构念指标数量的 10 倍，满足相关标准要求[221]。样本的基本信息如表 3.10 所示。

表 3.10 正式调研样本基本情况

样本特征		数量	比例	样本特征		数量	比例
性别	男	132	59%	职位	项目经理	118	53%
	女	92	41%		技术人员	64	29%
年龄	<25 岁	21	9%		合同经理	42	19%
	25~30 岁	63	28%	项目类型	建设承包	102	46%
	31~35 岁	91	41%		EPC 总承包	77	34%
	36~40 岁	35	16%		其他	45	20%
	>40 岁	14	6%	所在地	北京	41	18%
学历	专科	45	20%		辽宁	68	30%
	本科	112	50%		上海	32	14%
	研究生及以上	67	30%		广东	31	14%
					福建	28	13%
					其他	24	11%

2. 内部一致性信度及探索性因子分析

以正式调研获取的数据为基础，按照与预调研阶段相同的方法对正式测量量表进行内部一致性信度及探索性因子分析，计算结果如表 3.11 所示。从计算结果可知，KMO 值为 0.779，大于 0.50 的标准，且 Bartlett's 球形检验的卡方值为 1 449.133，df=45，Sig.=0.000，说明正式调研数据适合进行探索性因子分析。同时，各构念的 Cronbach's α、各指标的 CITC 值、因子载荷量及累积解释方差变异等均满足相应标准要求。由此表明，本书中正式调研的测量量表具有较高的内部一致性信度与结构效度。

表 3.11 正式调研内部一致性信度及探索性因子分析结果

维度	题项	CITC 值	删除题项后的 Cronbach's α	Cronbach's α	旋转后的因子载荷	
项目契约内容柔性	CF_1	0.519	0.857		0.652	
	CF_2	0.634	0.848		0.814	
	CF_5	0.570	0.853	0.880	0.872	
	CF_6	0.559	0.854		0.885	
	CF_9	0.691	0.842		0.807	
项目契约执行柔性	EF_1	0.537	0.856			0.788
	EF_3	0.599	0.851			0.792
	EF_5	0.602	0.850	0.857		0.774
	EF_6	0.531	0.856			0.814
	EF_8	0.535	0.856			0.746
Cronbach's α				0.865		
累积解释方差变异				34.059%	66.460%	
KMO 检验				0.779		
Bartlett's 球形检验		卡方值		1 449.133		
		df		45		
		Sig.		0.000		

3. 因子模型检验

为验证工程项目契约柔性构念维度的因子模型结构，本书对多个竞争性模型进行了对比分析。竞争模型主要包括：一阶单因子模型（M_1），即所有测量题项均聚合于同一构念；一阶非相关 2 因子模型（M_2），即两维度间不相关；一阶相关 2 因子模型（M_3），即扎根理论研究及探索性因子分析中构建的概念模型。采用软件 Amos 24.0 对三个竞争性模型进行验证分析，计算模型各集合指标结果如表 3.12 所示。

表 3.12 竞争性模型拟合指数

模型	χ^2/df	RMSEA	GFI	AGFI	NFI	CFI
	1~3	<0.08	>0.9	>0.9	>0.9	>0.9
M_1	5.969	0.149	0.881	0.775	0.883	0.899
M_2	3.054	0.096	0.924	0.870	0.934	0.954
M_3	2.023	0.068	0.949	0.909	0.958	0.978

注：RMSEA：root mean square error approximation，近似误差均方根；GFI：goodness of fit index，拟合优度指标；AGFI：adjusted goodness of fit index，修正的拟合优度指标；NFI：normed fit index，标准拟合指标；CFI：comparative fit index，比较拟合指数

由计算结果可知，M_1 的各项拟合系数明显低于 M_2 与 M_3，这表明工程项目契约柔性是一个多维度的构念；从 M_2 与 M_3 模型对比来看，M_3 各项拟合指标均优于 M_2，且两维度间存在相关关系，相关系数为 0.427，可见工程项目契约柔性是由两个相关维度构成的构念。另外，由于本书中工程项目契约柔性概念模型仅包含两维度，维度间相关系数小于 0.60，本概念模型并不适用于提取二阶因子。同时，从理论来看，项目契约内容柔性与执行柔性的形成基础存在差异，前者基于双方的正式交易秩序与机制，而后者则主要依赖于双方间的关系基础，因此两者间并不存在明显的共变关系，即当项目契约内容柔性变大或变小时，项目契约执行柔性并不一定会随之发生变化。综合来看，M_3 的一阶相关 2 因子模型最能准确地反映工程项目契约柔性的构念维度结果，可以认为该构念是由存在相关关系的契约内容柔性与契约执行柔性两维度构成的单一构念，如图 3.3 所示。

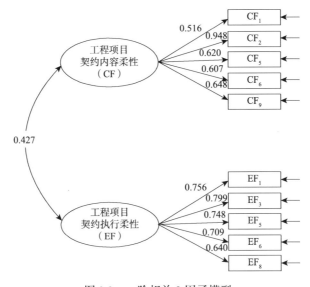

图 3.3　一阶相关 2 因子模型

4. 收敛效度与区别效度检验

在测量题项及量表的开发过程中，本书以文献、扎根理论结果及专家访谈等方式逐步展开，这在一定程度上确保了研究结果的科学性与准确性，有效地保证了测量题项及量表的内容效度与效标效度。因此，本部分主要检验测量题项及量表的收敛效度与区别效度。

收敛效度，反映的是同一维度下各题项间的相关程度，通常以检查题项的标准化因子载荷系数与平均方差提取量（average variance extracted，AVE）进行衡量。结合图 3.3 中的标准载荷来看，各维度测量指标的标准化因子载荷系数分布于 0.516~0.948，均大于 0.50 的临界值[222]，且 P 值均小于 0.001。随后，依据载荷系数，本书对两维度组合信度（composite reliability，CR）与 AVE 进行计算，结果如表 3.13 所示。可见，CR 分别为 0.858 和 0.852，均大于 0.70 的临界值；各维度潜变量的 AVE 值分别为 0.563 和 0.536，均大于 0.50 的临界值[223]。由此表明，本书中工程项目契约柔性各维度具有良好的收敛效度。

表 3.13   因子 AVE 值的算术平方根、相关系数与 CR

类别	AVE 值	CR	CF	EF
CF	0.563	0.858	0.750	—
EF	0.536	0.852	0.427	0.732

注：对角线及下方分别为各因子 AVE 值的算术平方根及其间的相关系数

区别效度，指的是某一变量中的维度与其他变量维度的差异程度，强调维度间是否能够得到好的相互区分。一般情况下，区别效度的检验主要通过比较每个维度的 AVE 值的算术平方根与两维度间相关系数间的大小关系。若前者大于后者，则表示变量维度间具有较好的区别效度[222]。如表 3.13 所示，本书中契约内容柔性与契约执行柔性的 AVE 值的算术平方根分别为 0.750 和 0.732，均大于两者间的相关系数。因此表明，本书中工程项目契约柔性的两维度间有着较好的区别效度。

综上，验证性因子分析结果显示，本书基于扎根理论研究方法开发的工程项目契约柔性测量量表通过了信度与效度的检验，能够较为准确、科学地反映工程项目契约柔性的构念内涵及维度结构，为后续研究奠定了概念与理论工具基础。

3.4   本 章 小 结

本章采用定性与定量方法对工程项目契约柔性构念的内涵、结构及测量开展研究，旨在揭示工程项目契约柔性的内涵与结构，形成测量工具，回应本书的第一个研究问题，深化工程项目契约柔性这一构念的研究，为后续研究奠定概念与理论工具基础。

首先，本章以不完全契约理论与关系契约理论为指导，采用扎根理论研究方法，对合同文本、深度访谈资料等数据实施三阶段的数据编码过程，从承包方视角出发，对"工程项目契约柔性"的内涵及维度进行探索分析。其中，编码过程生成事件 1 417 个、初始概念 49 个、副范畴 11 个、主范畴 3 个及核心范畴 1 个。围绕核心构念"工程项目契约柔性"分析发现，项目契约柔性的注入是为了弥补契约天然的不完全性，更好地应对项目内外的不确定性因素。在契约柔性的构建过程中，不仅需要考虑项目不确定性的可预测程度，还要兼顾应对成本高低。同时，研究表明，项目承包方视角下的"工程项目契约柔性"是一个过程属性的构念，指的是承包方能够在合同签订及执行过程中，依据合同规定或在预留空间内，经济、快速响应项目不确定性的积极动态适应、灵活调整的能力。其内在包含了项目契约内容柔性与执行柔性两个维度，前者体现为承包方基于项目正式合同条款而获得的对不确定事项的"适应性"，后者体现为承包方基于交易关系属性在项目执行过程中获取的非正式契约的"替代性"。经上述过程，本书构建了"工程项目契约柔性"的构念模型。

其次，在构念界定的基础上，本章基于大样本数据开展了构念测量量表的开发与验证。以概念的操作化界定为指导，通过专家访谈等方式生成构念的初始测量题项，共 18 个。随后，通过调研问卷编制与数据收集获取，获取预调研问卷 152 份用于测量量表的清洗，得到包含 10 个题项的正式测量量表，进而开展正式调研与量表检验，以 224 份正式调研问卷数据为基础，对测量量表的信效度、因子结构模型等进行检验，最终形成"工程项目契约柔性"构念的一阶相关 2 因子模型，即工程项目契约柔性是由存在相关关系的契约内容柔性与契约执行柔性两维度构成的单一构念，以及经检验合格的测量量表。

第4章　工程项目契约柔性对承包方合作行为影响机理研究

本章旨在从关系视角出发，在识别工程项目契约柔性与承包方合作行为间关系要素的基础上，进一步探究各要素间的内在关系，以揭示工程项目契约柔性对承包方合作行为间的影响机理。

4.1　研　究　设　计

4.1.1　研究方法

工程项目具有长周期、技术复杂、不确定性大等特征，项目的整个生命周期嵌入在社会交易情境与环境之中。从项目前期业主与承包方间谈判和协商的契约签订阶段，到契约事后履约过程中业主的监管与承包方实施项目建设活动，项目契约是内嵌于交易关系中的一个持续变化和发展的关系架构[17]。也就是说，工程项目承发包方间的交易活动及关系根植于项目、内外环境及交易情境。为探究工程项目契约柔性与合作行为的内在影响机理，必须考虑项目的具体过程与情境。因此，本书采用了特别适用于探究过程性、情境化研究对象，更深入解答"如何""为什么"研究问题的案例研究方法[224]。该方法使研究紧密结合案例具体实践情境，通过对案例事件及脉络的分析与探讨，有效识别潜在关系要素，深入解读各要素的具体表现、彼此间的内在机理。尤其是对于本书关注的关系视角下"关系契约—关系要素—关系行为"问题，能够更好地揭示项目情境下契约、关系和行为的内在属性及关联特征。

4.1.2　研究样本

1. 样本筛选

本书在搜集和筛选样本时发现，我国的合同管理及相关法律并不完善，项目契约内容的规范性、系统性、完备性均有待提升与完善。同时，由于工程项目具有规模大、投入高、周期长、不确定性大、复杂程度高等特征，进一步加剧了项目执行过程中的不确定性与风险。这使得仅依靠项目契约内容柔性水平的提升来支撑项目活动是很难做到的。相对地，为有效指导工程项目活动，开放式或半结构化合同成为工程项目行业普遍采用的合同形式。项目双方希望以此为基础，通过双方伙伴关系的建立，弥补项目合同不完备所带来的问题。因此，各类工程项目均呈现出一定的契约内容与执行柔性水平，并因项目具体情境的不同而表现出不同的柔性要素。

鉴于此，本书采用理论抽样方式，通过逐项复制，在确保所选取案例能够涵盖第 3 章所识别的各柔性策略或指标的同时，各案例在内容柔性与执行柔性水平上存在一定的差异。同时，结合研究问题及情景，确定了样本筛选的基本原则：①典型性，即能够反映项目契约柔性水平、承发包关系及行为特征的典型工程项目；②过程性，即尽量选取正在开展或刚竣工的项目，以提升对关键事件、双方关系状态及行为的过程性关注；③差异性，即各案例在契约柔性、关系状态及行为表现上存在一定的差异，以保证后续分析的充分性。

依据上述原则，本书首先在可行范围内搜集目标案例，包括 18 个可选企业及案例。其次，尝试与相关企业进行沟通协商，确定可以开展调研访谈，且案例内容能够反映契约柔性、合作行为与关系状态的 7 个备选案例及企业。再次，依据研究主题开展企业及案例的初步调研，获取相关基本信息资料。最后，根据初步调研和访谈结果的丰富性、充实性、完整性等，兼顾研究资源、便利性等操作条件进一步筛选案例。最终，本书从备选案例库中分别选取了 3 家工程公司的 3 个典型工程项目，并提取 4 个基本单元，如表 4.1 所示。

表 4.1　样本项目的基本信息

典型项目	A 公司焦化项目	B 公司能源站土建项目	C 公司炼厂改造项目	
研究单元	单元 1	单元 2	单元 3 项目初期	单元 4 项目中后期
业主	国外某焦化厂	国内某能源集团	国外某炼厂	
监理方	英国某监理公司	下属监理公司	德国某监理公司	
签约日期	2011 年 7 月	2016 年 3 月	2014 年 1 月	
工期	4 年	1 年	1.5 年	
项目范围	焦化厂一期建设	能源站土建施工	老炼厂一期升级改造	

续表

典型项目	A 公司焦化项目	B 公司能源站土建项目	C 公司炼厂改造项目	
合作经历	有过一次合作	有过多次合作	首次合作	
截至访谈时的项目绩效	一期工程接近尾声，整体成本得到保证，质量达标，工期略有超期，双方建立了良好的合作关系，各方对项目过程及阶段成果均较为满意	项目基本完结，项目工期、事后成本变动较大，项目质量基本达标，但双方间合作关系良好，且有后续合作	一期投产，初期工期延误严重，业主提出了大额索赔，双方关系陷入僵局	中后期工期延误有所缓解，双方关系缓和良性发展，技术及质量问题得到解决
契约柔性	详细契约内容 可浮动范围 事后调整条款	不完备、开放契约 事后可调整 再谈判条款	初期 刚性条款	中后期 事后调整条款
	灵活的事后 非正式契约 适应调整 适当的授权	灵活的事后 谈判协商 小范围的授权	初期 严格的履约	中后期 良性谈判协商

注：为保护受访企业与人员的隐私，本书对企业及项目背景的非关键信息进行了掩饰

2. 样本概况

3 个项目在承包范围、项目工期、合作经验及绩效等方面均呈现一定的差异性，这确保案例样本涵盖契约柔性特征，有助于反映不同项目契约柔性情境下，承包方关系状态与行为的不同表现，为探究项目契约柔性对合作行为的影响提供有效支撑，具体内容如下。

A 公司创建于 1953 年，是一家以焦化、耐火材料等工程技术为基础，以工程总承包为主业，集技术咨询、设计、采购、工程承包、施工安装等于一体，具有完整业务链的工程技术公司。业务范围覆盖国内外多个地区，完成国内外工程项目 80 余项，多次获得国家、省部级工程总承包项目的奖项。A 公司焦化项目是其承接的国外总承包项目一期工程，计划工期为 4 年。业主聘请英国咨询及监理公司，与 A 公司签订项目合同。鉴于双方有过良好的合作经历，双方以前一次合作的项目合同为范本，设计了较为详细的契约条款与合理的再调整条款。业主在履约过程中给予 A 公司较大的自主权，乐于以协商的方式灵活处理项目问题，即 A 公司焦化项目的契约内容柔性与执行柔性均呈现较高水平。截至调研阶段，该项目的一期工程接近收尾阶段，尽管工期略有超期，但项目整体工期、成本与质量均得到了较好的控制，各方对项目过程及阶段成果均较为满意。

B 公司是某环保集团的全资子公司，在节能环保工程建设施工方面具有甲级资质，已完成的环境勘察、咨询、设计及生态修复等各类项目达两万余项，先后获得工程类奖项 500 余项。B 公司能源站土建项目是国内的承发包项目，工期约为 1 年，在规模上相对较小。B 公司与业主在国内通用合同范本的基础上进行修缮并签订项目合同，完备性水平不高，属于过于开放式的合同形式。鉴于双方有

着多次的合作经历与稳定的交易关系，业主对承包方的监管较为开放，给予了承
包方较大的决策权，以及较为灵活的事后谈判协商与汇报程序。

C公司是一家成立于1962年的石化工程设计公司，从属于国内某石油工程建
设集团，主要从事大中型炼化厂、石油化工厂炼油装置、储运系统等工程的咨
询、设计及总承包等业务。已完成国内外项目达 300 多个，获得省部级奖项 20
余项。C 公司炼厂改造项目是其承接的国外总承包项目，对老炼厂进行升级改
造，一期工程工期为 1.5 年。该项目中双方合作呈现出显著的阶段性转变。项目
初期由于双方是首次合作，业主与C公司签订了十分严格的合同，并聘请德国监
理公司对C公司实施监管。由于项目实施过程中频发的意外事项，而业主方最初
不愿调整合同内容或与承包方重新协商，双方的合作一度陷入僵局，项目出现延
期、超支等问题。项目后期，承包方通过谈判等方式，成功取得业主方首肯，就
新项目情境双方重新谈判，从而进入第二阶段，即项目中后期较为顺利的合作关
系，项目契约柔性得到一定的提升，项目绩效也随之改善。

4.1.3　研究框架

本章旨在通过多案例的研究，首先，从关系视角出发，在识别工程项目契约
柔性与承包方合作行为间关系要素的基础上，进一步探究各要素间的内在关联，
以此来揭示工程项目契约柔性对承包方合作行为的影响机理，即包括关系要素识
别与关系分析两方面内容。

其次，结合工程项目的契约过程来看，该过程包括了前期签约准备、双方谈
判、项目履约过程及最后成果移交等一系列阶段。其中，与项目契约紧密相关的
主要包括契约谈判与履行两阶段[17]。在签约前谈判中，项目业主与承包方逐步
达成正式合同协议、冲突解决制度等正式契约，同时在前期互动中也形成了初步
的非正式契约/关系契约。当达成正式契约后，承包方在业主的监管下履行契
约。双方在履约阶段依据项目实际情境对契约及关系进行协商完善，如合同内容
的调整、再谈判、变更及索赔申请等。因此，本书采纳契约的过程属性，案例研
究包括了契约签订与履约的全过程。

最后，鉴于工程项目实施过程中涉及的问题、风险等较多，案例中通常包含
了大量事件的应对问题与现象。在研究中分析所有事件是十分困难且低效的。因
此，本书聚焦项目契约签订及履约全过程，首先进行单案例的内部分析，识别并
梳理各案例中反映"契约柔性—关系状态—关系行为"的要素与关系特征的典型
关键事件。在此基础上，按照柔性策略、响应状态及行为反应的研究脉络对关键
事件进行分析，以此来识别关键事件中契约柔性要素、关系要素与行为要素，从

而进一步解读三者的内在关联。随后，开展多案例分析，归纳确认关系要素，解释工程项目"契约柔性—关系要素—行为要素"的内在关系。案例研究框架如图 4.1 所示。

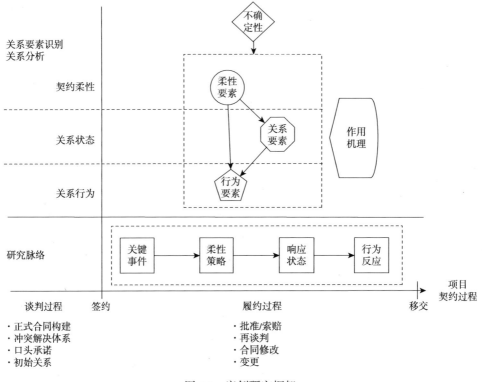

图 4.1　案例研究框架

4.1.4　研究数据收集

鉴于项目契约内容及履行在企业中是比较敏感、保密的信息，本书数据的收集主要以半结构化访谈的形式进行，以有效地获取和把握项目的一手数据，且向受访者承诺，对涉及企业不便公开的数据，研究者会在保证研究客观、准确的前提下进行掩饰。具体来说，首先，本书在开展调研前设计了一份半结构化访谈提纲，如附录 C 所示，针对项目过程中发生的关键不确定性事项或风险、应对策略和过程、事件前后承包方的态度和行为及其对业主主观评价等内容进行访谈交流，梳理案例中具有代表性的关键事件。该提纲的使用在于引导访谈的进行，具体问题会根据情况进行选择、补充或完善。

其次，与目标案例企业的领导取得联系，讲解调研目的及内容以取得调研许可，并协商安排调研对象、时间、地点等信息，确保每个案例项目的受访者在两名以上。随后，将访谈提纲发送给受访者，提前熟悉调研内容，做好受访准备，提升调研的效率和质量。

　　本书受访者的选择以了解或参与项目契约签订、履行及修改等方面工作的相关人员为主，具体包括承包方项目经理、施工管理者、技术工程师、合同管理人员等。针对不同受访者的情况，本书会重点调研其所擅长的内容，如项目经理是项目全程的负责人，对项目契约的理解更加系统、完整，因此对他的访问时间会适当延长，着重了解项目合同内容、团队整体对业主的评价、项目绩效等信息；对技术工程师则更多关注在履约过程中出现的变更、意外或冲突等问题。受访者的具体信息见表 4.2。

表 4.2　调研访谈基本情况

企业	时间	时长/小时	对象	访谈重点
A	2017 年 7 月	1.5	项目经理	项目中关键风险或不确定性事件概况、应对措施、结果等；项目绩效概况，团队整体对业主方的评价；项目契约内容有效性、履约过程灵活性评价；契约调整情况
		1	设计工程师	项目中关键变更、谈判协商等问题应对及实施情况；与业主间关系的整体感受；技术角度对履约情况评价
		1.2	施工负责人	施工过程中与业主方的互动情况；关键事件的处理过程、结果等；施工人员与业主方关系状态或态度等
B	2017 年 11 月	1	施工负责人	对施工全过程的完整描述，关键事件分析；项目契约的变更、再谈判、应用等信息；纠纷的处理和应对等
		1.8	项目经理	项目整体绩效概况；与业主方的关系状态；项目契约的重点内容、事后调整的设计范围；承包方的自由权限；与业主方的沟通、信息传递等
		1.5	工程负责人	施工过程中的关键问题或事项；与业主的协商或谈判情况；项目整体绩效及各方满意度等
		0.6	合同经理	重点探讨合同签订及实施过程中的调整、补充等情况；与业主间的协商谈判过程；后续的具体行动策略等内容
C	2017 年 5 月	1.2	设计负责人	具体设计过程中项目契约作用的发挥情况；设计方面的变更事项、程序及结果等
		1.7	项目经理	项目中关键风险事件概况、应对措施、结果等；业主方在款项支付、信息分享等方面的情况；项目绩效的整体评价，承包方满意情况等；契约谈判或调整情况
		1	合同经理	项目合同的重点内容，事后调整涉及范围、调整方式等；履约过程中非正式合同的使用情况，以及与业主方的协调过程；双方间关系与认知情况等
		0.7	工程师	项目整体实施效果，契约的作用或价值，协商中遇到的关键问题、应对措施等

　　最后，为保证调研过程的充分和有效，本书组建了多人调研小组。考虑到人员条件限制，该小组成员主要以一名教师及两名博士生为核心，多名硕士研究生为辅。当开展调研时，根据受访对象及时间等选取辅助人员，组建至少包括 3 人

的访谈小组。核心成员负责与受访者的提问交流，辅助者负责资料的记录及补充提问等工作。同时，本书通过网络新闻报道、企业网站等搜集关于项目的二手资料，对访谈数据形成验证与补充。

4.2　案例描述与分析：A 公司焦化项目

4.2.1　项目概况

A 公司焦化项目是 A 公司与国外钢铁公司 T 合作的第二个大型项目。双方于 2011 年 7 月以 FIDIC 合同为指导，借鉴前一次项目契约内容，签订了项目一期的承发包合同，建设范围包括捣固焦炉一期（设计年产量 158 万吨焦炭）、除尘地面站（两座）及煤焦转运皮带等。项目整体采用的是分包模式，A 公司负责项目的主体设计与采购部分，T 公司负责部分设计与采购，项目施工则由当地施工单位 L 承担。

本项目所需资金额度及工程量较大，一些大型设备需要在不同国家进行采购并运输到项目地点，这对项目各方的沟通、工期及成本控制提出较高的要求。另外，由于当前项目位于该国东部，常年天气炎热，存在热季、雨季与冷季之分，依次表现为高温、大雨量及低温等极端气候，项目自然条件较为恶劣。项目所处的工业区周边基础建设较为薄弱，道路、桥梁等共同交通条件较差，缺少系统的工业配套条件，不仅项目所需各类材料、设备等均需从外界运输，还要从外部获取大型设备修配服务或人员，这增加了项目成本与进度控制的难度和不确定性。

鉴于上述项目特点，A 公司和 T 公司深入探讨了自然与工业环境的不利影响，制订相应的解决方案。该项目与前一项目具有较多相似之处，且业主对过往合作十分满意，因此双方谈判过程较为顺利，在项目设计、采购等方面沿用了很多前一次项目的内容与合作方式。尤其是在项目合同条款的设计上，参考了前一次项目经验，尽可能详细、完善地预判未来可能情境，指导后续工作。

4.2.2　关键事件描述

本书对 A 公司焦化项目中具有代表性的关键事件进行梳理提取，最终得到了 3 个对项目过程产生重大影响，能够反映"契约柔性—关系状态—关系行为"的事件（图 4.2），具体如下。

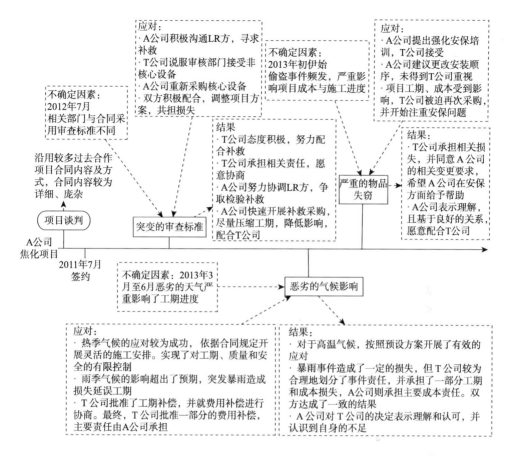

图 4.2　A 公司焦化项目关键事件图

1. 突变的审查标准

2012 年 7 月，A 公司依据合同规定向 T 公司提交了项目废热锅炉采购规格书。经 T 公司审查，确认项目可以采购符合美国机械工程协会（ASMEⅧ）标准的废热锅炉。该设备于 2013 年 11 月由国内正式发往项目所在地，A 公司同时将设备的报验文件提交给 T 公司予以确认。锅炉运达项目现场后开始安装，于 2012 年底完成了全部设备的验收与安装工作。刚进入 2013 年，A 公司却收到 T 公司发来的设备审查新标准，要求项目废热锅炉设备必须得到所在地相关部门的审查才能投入使用，而该审查部门对设备的审查采用的是印度锅炉规程（Indian boiler regulation，IBR）标准，项目设备需要获得由第三方全程检验的 BV（Bureau Veritas）或 LR（Lioyd's Register）认证。仅在生产环节进行检验的 ASMEⅧ标准无法满足这一要求。在接到业主的通知后，A 公司研究认为，按照新的审查标准，目前所采购的设备将无法被接收，而在项目合同中并未对设备的标准进行明确的规定，仅仅延续了双方以往所默认的标准。因此，A 公司尝试与中国 LR 方进行协商，是否能够通过补验的方式重新审查设备，或由印度 LR 方重新检验已到的设备，避免设备的返工采购，但 LR 方的回复明确表示设备已经制造完成，检验无法补验。

仅因为标准不同而拒绝质量合格的设备，徒增了项目成本、延误了工期。在 A 公司看来，作为承包方有责任提前了解项目所属地的各项标准，以此来设计项目设备的采购方案。由于缺乏经验，A 公司沿用了以往熟悉的设计标准，给项目造成了重大风险，应承担责任。另外，A 公司已在项目设计初期将各类标准进行了提前报备，T 公司当时并未对该标准提出异议，却在事后设备到达后突然发出变更通知。尽管并非有意为之，但 T 公司也应当对新标准的变更承担部分责任。因此，A 公司尝试与 T 公司进行协商，寻求可能的解决方案，降低彼此损失。对于 A 公司的反馈，T 公司表示理解，承认自身工作确有疏漏，愿意与 A 公司一起协商应对。最终双方达成一致的应对措施：①T 公司与当地责任部门进行协调，尝试借助项目影响力和价值说服对方，允许接收数量较多但非核心设备，尽量降低损失；②A 公司重新采购核心设备，尽量减少设备采购对工期的影响；③根据当前问题，A 公司与 T 公司对原合同中项目进度、成本等进行变更，由双方共同承担该事件引起的不利影响或损失。

在上述过程中，T 公司表现出了较好的态度，配合 A 公司说服审查部门，最大限度地降低了事件的不利影响，愿意对项目方案进行合理的变更和调整，以项目顺利实施为前提，在一定程度上弥补损失。相应地，A 公司在该问题的处理中也是尽力配合，在达成新协议后，果断开始新设备采购，积极熟悉和采纳新审查标准，确保后续设备的质量检验。同时，A 公司对新设备的制造、检验等进行全过程的跟踪，尽可能地追赶工期，降低对项目成本的影响。A 公司的一位跟踪采购的人员表示："这个变更对项目影响很大，现有设备再制造的成本很高，后续的设备检验也要随着调整，影响范围很广。不过，好在 T 公司比较理解我们，也承担了相应责任。就这一点来说，T 公司还是很可靠的，我们也愿意配合他们。"

2. 恶劣的气候影响

随着项目施工的展开，项目所在地迎来了热季天气。极度高温给项目带来一系列的阻碍，如工人只能在早晚两个时间段作业，需要穿上厚重的防护工具才能避免不被过热的材料烫伤，导致项目土建施工作业时间被压缩，效率降低；炎热的天气加速了水蒸气的蒸发，增加了混凝土的施工难度与养护的频率；受高温影响，机装与电装工作也无法保持正常进度。

针对这一问题，项目合同条款在该事件中起到了有效的支撑作用。A 公司与 T 公司按照合同约定，依据当地气温变化，在保证施工作业安全的前提下，灵活调整项目作业时间与工作进度。在高温时段采取停工策略，适当延长早晚等非高温时段的工作时长和强度。同时，对设备的储存、维护等及时养护维修，降低设备储存损失。总体来看，尽管存在项目进度缓慢、工期有所延误的问题，但这一阶段的工作质量和成本得到了有效的控制，高温天气对项目施工的影响基本控制在合理范围内，可能的情境在项目合同中均有所预判，提供了可行的指导方案。项目能够如此顺利地应对高温气候，离不开前期 A 公司与 T 公司对天气影响的系统预判。T 公司对当地气候特征信息的把握较为准确，及时告知了 A 公司，使得双方能够在事前对各事项进行提早设计，制订可行的解决方案。

相较于热季高温气候，雨季对项目施工产生的影响却超出了双方的预料，严重阻碍了施工进度。其中，影响最大的一次是发生在2013年5月的一场暴雨。当时，项目正进行皮带通廊的现场安装，为躲避暴雨，A 公司工人只能暂停施工，留下刚刚建好的钢结构和尚未连接的地脚螺栓。未曾预料，皮带通廊钢结构被狂风刮断，连煤塔施工用的脚手架、临时工棚等也被吹塌。施工队伍花费近一周时间来拆除坏掉的工具设备，用了两周时间重新搭建加固脚手架和钢结构，施工进度被迫延迟了近一个月。

鉴于暴雨属于异常恶劣天气，依据合同条款，T 公司应当依据实际情况对项目的工期进行顺延，进行工期补偿，其间发生的费用则由 A 公司承担。A 公司认为该事件已经超出了事前预期，可以被划分为不可抗力范畴，相关的成本费用及对后续施工均产生较大的影响，T 公司应当对该事件引起的费用进行一定的补偿。于是，A 公司向 T 公司提出了工期与费用两项补偿申请。针对 A 公司的申请，T 公司认为工期补偿申请符合合同约定，对此没有争议，但对于费用补偿申请需再商讨，并要求 A 公司对费用补偿的理由进行正式的说明。同时，T 公司与项目监理方进行了沟通，详细了解了事情的全过程，认真分析了对项目的影响。最终，T 公司认为，该事件在一定程度上确实属于不可抗力的影响，但 A 公司在暴雨发生时未能及时采用必要措施。因此，T 公司决定给予费用补偿的范围仅包括工具设备的维修及少部分人工费用，其他费用由 A 公司自行承担。

对于 T 公司的最终处理结果，A 公司虽未能达成最初的申请意愿，但未能在事件发生时进行恰当的处理也是导致事件影响扩大的主因。所以，A 公司接受 T 公司的处理方案，履行自身责任。该项目的技术人员描述："暴雨比较突然，但若现场人员能够及时恰当应对，有可能降低损失。我们人员的经验还是不够，能达成这样的处理已经很好了，要不是彼此关系以及以往表现还不错，T 公司根本不会补偿任何费用的。"

3. 严重的物品失窃

项目地处钢厂与金属冶炼厂集中工业区，周边的安保情况很差，金属材料、设备等偷盗行为较为猖獗。本项目占地面积广，材料、零部件存储量大，项目实施过程中的安保问题遇到了较大挑战。2013 年初，项目进入焦炉的砌筑过程，但一夜之间施工所需的工具、测量设备等小件金属设备或部件全部被盗，项目被迫停工。由于项目地处偏远，各类被盗物品的采购花费了近一周，工期一再延误。在焦炉完成砌筑后，炉顶安装的火孔盖由于体积较小，更是被盗 100 余个。作为该部件提供者的 T 公司，不得不重新从中国订购更多的火孔盖。

针对这一问题，A 公司的现场人员调查发现，对于盗窃事件的发生，现场工人及施工单位有着难以推卸的责任。由于工人素质与认识的不足，现场工人为了自身方便，私自拆除了部分围墙以供出入，不仅增加了现场安保的难度，更给偷盗者创造了便利的条件。因此，A 公司向业主方提出，要对施工方的人员进行严格的管理和安保培训，强化现场监管。T 公司也意识到问题的严重性，听从 A 公司的建议对施工方进行培训教育。

经上述措施，偷盗问题虽有所好转，但依旧时常发生。A 公司技术人员发现，在电气设备安装过程中，施工单位在尚未安装电气室门窗的情况下，先开始配电柜等电气设备的安装。这种操作不仅容易导致设备在后续工作中受损，更没有考虑安保问题。于是，A 公司向 T 公司建议，要求施工方调整施工习惯，充分考虑安保问题，但这一建议却并未受到 T 公司的重视。结果，当施工单位完成配电柜等电气设备的安装后，配电柜内部的全部日光灯及部分电池又被盗窃了。

由于项目所处地区相关配套程度较低，盗窃事件的频发不仅导致项目费用增加，还使得 T 公司花费了大量的时间和精力重新采购丢失物品，严重影响了项目工期进度。相应地，因盗窃而遭受的多次损失让 T 公司认识到自身问题，设立了工作小组来解决这一问题，对 A 公司的建议很是看重，希望 A 公司能够提供专业帮助。鉴于长期的合作关系，为保证项目实施，A 公司愿意配合 T 公司开展各项活动。另外，盗窃导致的工期延误也同样影响着 A 公司后续的设计、采购等，对 A 公司也造成了不利影响。因此，A 公司提出对项目进度安排进行再次协商。鉴于问题产生的责任主要在于自身对现场管理的缺失，T 公司主动承担责任，与 A 公司签订了新的变更及补充协议。

4.2.3　案例内分析：研究单元 1

本书通过关键事件对 A 公司焦化项目中"契约柔性—关系状态—关系行为"的表现及相互关联进行分析（图 4.3），具体内容如下。

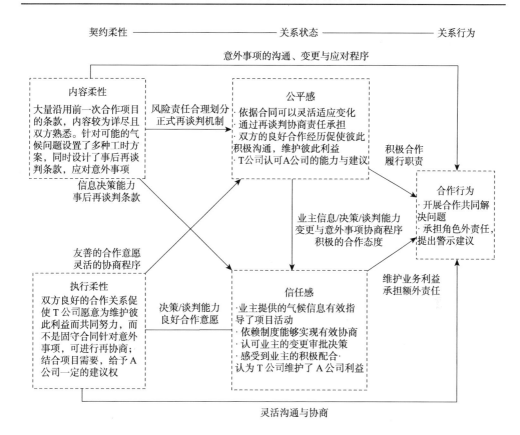

图 4.3　A 公司焦化项目"契约柔性—关系状态—关系行为"分析图

1. A 公司焦化项目"契约内容柔性—关系状态—关系行为"分析

　　首先，由于 A 公司与 T 公司有过良好的合作经历，双方对焦化项目契约内容的签订主要沿用了前一次项目的多数条款，内容设计以国际通用的 FIDIC 条款为参照，内容较为详细全面，设置了可浮动、变更、调整及再谈判条款，能够为项目实施提供一定程度的适应能力。这一点主要体现在恶劣气候事件中，如热季气候下对工时安排的有效指导、雨季意外事项的工期补偿，即 A 公司焦化项目契约内容通过详细方案的制订，实现了柔性的提升。另外，在项目契约条款效用降低时，双方能够基于良好的合作关系，通过再谈判的方式对不确定事项进行协商、变更等。例如，在审查标准意外变更时，A 公司与 T 公司能够进行协商，为解决问题而共同努力，采取相应的措施，降低项目损失；在物品失窃时，授权承包方组织培训等工作。可见，A 公司焦化项目的契约内容柔性还体现为一定程度的再谈判协商、非正式契约的运用及适当授权。

　　其次，从项目契约内容柔性对承包方行为的影响来看，在审查标准事件中，A 公司能够按照合同约定程序向 T 公司反馈，甚至提出自己的态度与想法，促进双方信息的及时沟通，共同解决问题；在气候问题上，项目合同更是预设了多种情境下的措施方案，指导 A 公司顺利施工，并在意外发生时，允许 A 公司进行沟通协商，灵活处理项目问题；在物品失窃发生时，T 公司以开放灵活的态度听取 A 公司的建议，有效降低了项目损失，双方在对话、协商的基础上开展行动。可见，契约内容柔性的提升为不确定性事项的解决提供了可依赖的沟通与应对程序，强化承包方行为的规范性，促进合作行为的产生。

　　再次，从项目契约内容柔性对双方关系的影响来看，在审查标准事件中，T 公司承担了一部分的责任，通过再谈判协商的方式与 A 公司合作，努力解决问题，帮助 A 公司降低了风险损失，以可靠、适合的制度程序，让 A 公司以相对合理的策略共担了责任。在该事件中，A 公司对 T 公司表现出积极的肯定，认为其兼顾了自己的利益，并做出了较为公正、合理的决策。在应对气候问题中，事前合理方案及补偿条款的设计，有效指导了事件处理。通过工时调整、维护承包方利益的工期补偿策略，实现对风险的有效响应，以及责任的合理划分。相应地，A 公司在该问题上得到了业主的支持与理解，对 T 公司的积极配合表示感激，在该问题上得到了业主的支持与理解，最终以相对合理、可行的方式降低了损失。由此，上述事件中柔性契约条款的运用从程序与结果分配两个方面促进了 A 公司形成对交易过程与结果合理性的积极认识，主要促进了 A 公司公平感的形成与持续。

　　最后，项目契约条款的有效性也促进了 A 公司对 T 公司的信任感，这一点先体现为事前约定的工时调整方案的有效性。A 公司作为外来者，对项目所属地气候不能充分把握，而 T 公司在事前共享了相关信息，制订的方案很好地适应了热季高温影响，减少了对工程进度的影响。因此，A 公司认可了 T 公司的信息能力与合作意愿，相信 T 公司有能力提供项目相关信息。另外，双方在后续事件的应对中，均采用了正式的协商沟通途径，这对 A 公司各项活动形成了有力的支撑，促使 A 公司能够按照已有制度或程序进行操作，如申请工期和费用补偿、提出可行的优化建议等，从而提升了 A 公司对相关制度的信任感。该项目经理表示：
"T 公司给我们营造了一个很好的环境，我相信他们有良好的意愿，能够在一些问题上给予我们帮助……合同是很好的支撑，按规矩和程序办事，就能顺利解决问题。"

2. A公司焦化项目"契约执行柔性—关系状态—关系行为"分析

在契约履行方面，项目中体现出较为灵活的履约过程。其一，依据合同要求，审查标准的变化主要责任在于 A 公司，但 T 公司并未让其完全承担相关损失，而是积极配合A公司工作，帮助说服相关部门，争取损失最大限度地降低。这反映了两者间良好的合作关系，T 公司为了保证项目的整体利益，不会严格要求该条款的履行，即非正式契约的运用及较低的履约严格程度。其二，针对暴雨的影响，T 公司并未完全拒绝 A 公司提出的费用补偿，而是在协商后决定，将暴雨视为不可抗力因素，在一定限度内给予补偿。由此，反映出该项目实施过程针对意外事项具有一定的可协商性。其三，在物品失窃事件中，T 公司结合实际情况，以及A公司的标准，正式授予A公司建议权，以帮助T公司处理严重的物品盗窃问题，即履约过程中存在适当的授权。

从项目契约执行柔性对行为的影响来看，履约过程的柔性营造了双方良好的关系基础，促进了 A 公司对业主的理解与协作，展现出更多的角色外行为。例如，审查标准的变化原是给A公司造成了巨大的工期与成本压力的，但T公司表现出的友善与协商态度，降低了A公司的顾虑，为标准变更采取积极应对措施，如重新采购、补充检验等；在解决暴雨问题时，T 公司在分析具体事项后做出了灵活的奖惩决策，促使 A 公司认识并承担自身责任；对于物品失窃事件，T 公司对 A 公司的认可更是强化了 A 公司的合作行为，帮助 T 公司调查问题产生的原因，提供可行的解决策略。

此外，从项目契约执行柔性对双方关系的影响来看，上述各类契约执行柔性的表征均在一定程度上促进了双方关系的发展，对A公司公平感的形成产生了积极影响。例如，在审查标准事件中，T 公司通过协商与 A 公司形成了合理的事件应对措施，以正式制度的形式帮助A公司争取机会，避免损失；在暴雨事件中，事后意外事项的再协商进一步提升了项目变更程序的合理性与人性化，实现了风险的共担；同时，三个事件中双方均能够彼此了解、沟通协商以解决问题，尤其是在物品失窃事件中，T 公司对 A 公司的能力逐渐认可，正式授权其帮助解决事件。相应地，三个事件中A公司对T公司的态度和看法一直是较为积极的，认可并接受了应对方案的合理性与有效性。由此认为，A 公司焦化项目契约执行过程的柔性表现，通过正式或非正式的制度程序、双方彼此间良性的合作互动，促进了 A 公司公平感的形成。

项目契约的灵活执行也有利于提高A公司对T公司的信任感。首先，在审查标准事件中，T 公司表现出积极配合的态度，通过谈判说服审查部门接受了一部分设备，体现出较强的谈判能力。其次，T 公司在应对气候问题时，不仅展现了对气候信息把握的准确性，还表现出对意外事项责任进行合理划分的决策能力；

在物品失窃事件中，尽管存在一定的差错，但 T 公司能够及时认清自身，决定寻求 A 公司的帮助。相对地，A 公司对上述事件中 T 公司的行为与决策均表现出认同和肯定，愿意按照决策结果来行动。由此反映出 A 公司对 T 公司能力的肯定与信任。另外，三个关键事件中 T 公司均体现出了积极的合作态度，即使在 A 公司需要承担主要责任的问题上，也会考虑项目实际情况与 A 公司的观点，重新思考和决策，能够以合作为前提，在兼顾彼此良好关系的基础上开展行动。这在一定程度上促进了 A 公司对彼此关系的信任与依赖。该项目采购负责人认为："我们与 T 公司彼此相互熟悉，沟通起来比较顺畅。发生意外事项时，T 公司是不会为了暂时的利益而破坏合作的。"

3. A 公司焦化项目"关系状态—关系行为"分析

从关系状态来看，A 公司在三个事件中均表现出对 T 公司决策或行为的认可，自身的利益得到了一定的维护或保证，T 公司能够较为公平、合理地共担相关事件的责任，以推进项目落实。这种公平感进一步提高了 A 公司对 T 公司的信任程度。首先，在前两个事件中，T 公司的配合与灵活履约促使 A 公司从风险责任分配、协商程序制度中感受到合理性与公正性，同时也体会到来自 T 公司积极的合作意愿。相应地，这种合理与公平让 A 公司认为 T 公司具备了信息、决策、谈判等方面的能力，并将该能力运用到项目中，有利于项目的实施与成功。同时，合理制度形成的公平感，也同样让 A 公司相信制度能够维护自身利益，形成信任感。此外，在事件应对中，双方间良好的沟通协作、协商及良性的互动促进了 A 公司对与 T 公司合作互动的公平认知，让其相信彼此的关系是可以被依赖，可以维护自身利益的。

上述积极的公平感与信任感促使 A 公司表现出正向的合作行为。首先，在前两个事件中 A 公司形成对责任划分、程序制度、互动关系三方面的公平认知，使其感受到来自 T 公司的善意。相应地，A 公司也实施了积极的行动回应 T 公司，在承认自身不足和缺陷的基础上，认可 T 公司的决策，认真履行自身责任，与 T 公司共同应对各类问题，积极弥补损失。例如，在审查标准事件中，A 公司多方联系 LR 方寻求补救，并在无果后积极开展采购活动，全程跟踪，尽量缩短制造、运输工期。另外，经过前两个事件，A 公司对 T 公司的信任得以强化，使其表现出更多的合作行为，不仅积极配合，勇于承担责任，甚至在物品失窃事件中，主动帮助 T 公司调查失窃原因，提出改进策略。为帮助 T 公司避免损失，承担了一部分额外责任，甚至在 T 公司一时没有采纳 A 公司建议后，依旧愿意在后续的工作中给予配合，表现出了较强的利他行为。

4.3　案例描述与分析：B 公司能源站土建项目

4.3.1　项目概况

B 公司能源站土建项目是国内某市区域供冷/热能源站项目中的基坑支护及土方工程部分，业主是国内能源集团 F。项目位于该市某湖附近区域，建设内容包括房桩基础工程、土建工程及取排水管道网工程，总工期为 365 天，总投资额约为 2 700 万元，总用地面积约为 4 400 平方米，计划日取水量为 24 万吨，供冷/热面积约为 78 万平方米，能源站泵机供冷能力约为 33 兆瓦。项目拟供能范围覆盖面积较广，区域内主要以科技研发、金融服务等现代服务业，以及高端休闲娱乐业为主。

由于地质因素的意外变更，该能源站项目的房桩基础工程部分已经历了承包方的更换。项目最初承包方于 2016 年 1 月签订合同，项目工期为 90 日历天。一段时间后，承包方发现原本的泥土地质转变为砂石地质，工程量发生较大变动，最初方案及价格已无法继续，便退出了项目。业主只得进行二次招标，最终与 B 公司于 2016 年 3 月签订承发包合同，由 B 公司继续施工。尽管该土建项目内容明确，技术要求不高，但此时工程进度延误，原计划工期难以达成，业主方要求 B 公司在 2 个月内完工，尽量弥补前期延误，项目工期非常紧张。双方并未对合同细节充分研究，而是基于双方过去多次良好的合作经历决定采用开放式合同，保持后续工作中的持续协商。

4.3.2　关键事件描述

本书梳理提取项目的关键事件发现，该项目中自然条件与气候的突变是影响项目工期及成本的重要因素，能够反映"契约柔性—关系状态—关系行为"的事件（图 4.4）。

1. 地质条件再生变化

B 公司能源站土建项目规模相对较大，技术难度不高。由于工期紧张，B 开始了紧张施工，在一周内完成了设备运输、人员材料进场等准备，于 4 月初正式开工，在条件允许的情况下，尽量加班作业追赶工期。在施工两周后，B 发现原本的砂石地质再次发生变化，出现了更为坚硬的岩石层。这不仅对施工人员和设

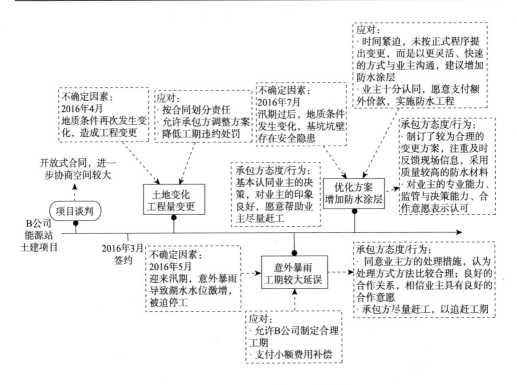

图 4.4　B 公司能源站土建项目关键事件图

备提出了更高的技术要求，原本紧张的工期也更难实现。B 只能被迫停工，与业主 F 再次协商工程方案。B 提出，地质变化对工程方案及投入均产生了较大影响，原本制订的施工方案、成本、工期等都将发生变化，原合同价不能满足项目内容，希望 F 能够对合同及方案协商调整。

接到变更申请，F 认为地质变化确实超出预料，但 B 需要承担地质勘探不明的责任，因此相关成本不能完全由 F 承担。考虑到项目工期已经发生延误，此时停工或再次更换承包方都会对项目产生较大的不利影响。经双方协商谈判，F 同意承包方对设计方案进行重新设计，超出原设计方案成本的部分，则由 B 承担主要责任，F 仅承担小部分费用，作为项目总价的一部分给予支付。为了确保项目工期，F 并未批准工期调整，而是降低了工期延误的违约金额。

B 承认自身在地质勘察阶段存在工作失误，表示认同 F 的处理方案，同时对于 F 做出的理解与妥协给予肯定，相信 F 对于合作有着积极的态度。B 也向 F 表示，会按照合同约定及时向 F 汇报项目进度，尽快完成基坑的挖掘，帮助 F 追赶工期。B 项目经理表示："在这个问题上我们确实有责任，因为工期短，前期地质勘探存在问题。对于变更，我们也是希望降低一些损失。F 的反馈已经是很好了，对我们来说也是公正合理，算是对前期加班加点工作的认可吧。毕竟合作过很多次，彼此之间还是比较照顾的。"

2. 意外暴雨水位上涨

2016年5月，项目所在省市迎来汛期。按照签约阶段估计，汛期会对项目进度产生一定的影响，F 要求在做好防汛工作准备，在确保安全施工的同时，也要加紧工程进度。该年汛期较以往各年来势更大，长达近两周的暴雨使得雨量骤增，与项目紧邻的G市某湖湖水水位大幅度上升，基坑周围土质松散，增加了项目施工风险，项目不得不停工。同时，为了避免施工过程中基坑坑壁破露、坍塌等风险，B 在暴雨结束后依旧需要继续等待，直至水位下降到安全范围，两个月的施工期限已没有达成的可能。鉴于此，B 与 F 开始了新的协商。

B 提出，当前的汛期影响已远超双方预期。由于水位的大幅度上升，G 市政府也下达了命令，要求在确认达到施工安全前，相关区域内的施工单位均不能复工，这给土建项目工期造成了严重影响。停工期间承包方设备、人员、材料储存维护等方面的费用问题是 B 要求与业主协商的重点。由于停工期限难以确定，上述成本费用将是一笔不小的数字，工期的拖延已经无法实现当初的合同约定。如果依旧按照原合同执行，B 还要支付巨额的违约金，因此希望 F 能够在工期及费用上予以调整。同时，停工期间发生的费用也不能仅由 B 独自承担，相关责任划分需要予以协商。

经双方多次协商后，F 认为突发的暴雨属于不可抗力风险，造成的影响确实出乎各方前期预测，严重阻碍了项目实施进程。因此，F 同意对项目工期予以调整，并允许承包方自行制订工期调整方案，最终批准其可以顺延 3 周时间，若再因天气原因出现停工，超期部分违约罚款可视具体情况予以调整。针对停工期间的费用，业主认为按照合同规定这部分费用应当由 B 承担，考虑到项目进度成本，B 前期的良好表现，F 同意多支付一部分款项，以弥补部分停工费用。

对于双方协商结果，B 表示尽管困难依旧存在，但 F 对现状及问题表示理解，并愿意予以一定程度的配合，双方的协商过程较为顺利，避免了不必要的冲突，工期的推延期间也基本能够满足项目当前需求。对于停工费用的补偿，虽然额度较小，但相比以往项目来看，这一结果是比较积极的，若严格执行合同，承包方将不得不承担更大的损失。因此，在 B 看来与业主的合作是比较顺利的，F 能够合理地为 B 分担责任，为项目实施提供可靠的支持，双方能够共同解决问题。在湖水水位等条件恢复正常后，B 也在最短的时间内重新进入现场开始复工，同时加大投入力度，争取补救工期与成本损失。

3. 合理建议增加防水

在经历地质与天气的不可抗力后，项目终于进入正常实施程序，但 B 在后续施工中发现，汛期的暴雨对基坑周围地质产生了较大影响。由于距离湖水较近，未来的基坑存在渗水、漏水，甚至塌陷的风险。由于事情影响重大、时间紧迫，B 并未采取正式的变更报告申请，而是与现场监理进行沟通后，立即通过电话与 F 进行沟通，建议 F 调整施工方案，给基坑增加防水涂层。F 接到相关信息后，马上组织监理及专家对现场进行勘查。调查后认为 B 的提议是合理正确的，决定按照项目合同设计双方启动再谈判程序，与 B 再次协商方案内容调整，增加防水涂层工程内容，并由 B 进一步提供详细的工程方案。B 积极配业主方，对防水涂层材料选择、工期进度、技术设备等均进行了较为详细地说明，制定较为合理的工程价，通过了 F 的审批。同时，在后续的防水施工过程中，B 按工作进度及时向业主方汇报，向其说明相关信息。

在双方合作下，后续工程的实施较为顺利。B 认为与 F 的合作是比较愉快的过程。尽管从项目施工开始，出现了很多不利因素，但双方间并未因这些意外而产生大的争议或冲突，双方间形成了良好的合作关系，能够通过沟通来解决问题。B 对业主持有比较高水平的评价，期待与 F 的后续合作。一位受访者说："F 在工程中表现出了比较专业的能力，能够理解我们所提方案变更的合理性，相关人员具有很好的组织能力，帮助我们协调与其他各方的合作。对于不可抗力引起的风险，F 的处理是比较公平合理的，没有一味地逃避，而是与我们一同承担，合作很顺利……"

4.3.3　案例内分析：研究单元 2

本书通过关键事件对 B 公司能源站土建项目中"契约柔性—关系状态—关系行为"的表现及相互关联进行分析（图 4.5）。

1. B 公司能源站土建项目"契约内容柔性—关系状态—关系行为"分析

当 B 参与项目时，土建工程进度已由于地质条件变化出现了延误。为了追赶工期，减小对后续工程的影响，双方并未详细协商合同各项条款，而是在参考行业合同范本及以往工程经验的基础上，签订了开放式项目合同。合同中规定双方可依据工程具体情况进行调整、协商及变更沟通，在掌握一定项目信息的基础上有效响应未来的不确定性。具体来看，在地质条件变化事件中，双方对合同施工方案、规定工期进行了调整，就新的方案进行再谈判，同时对于契约中的争议点如工期延误的费用、违约惩罚等，在应用事前适用性条款的同时，进行了新

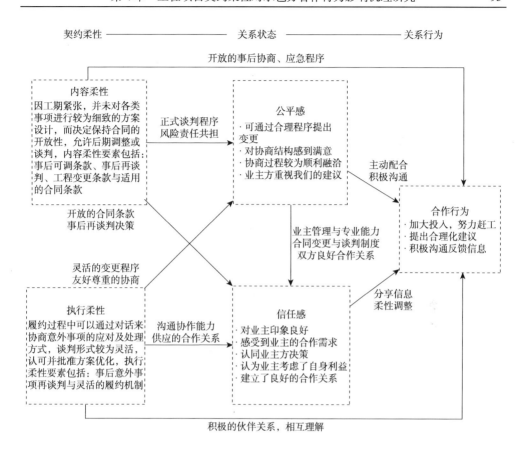

图 4.5　B 公司能源站土建项目"契约柔性—关系状态—关系行为"分析

的协商处理。

从项目契约内容柔性对行为的影响来看，开放式项目合同创造了 B 与 F 间事后协商的空间，按照预定的规则、程序与实践情况开展协作沟通，处理发生的意外事项。在地质条件的变化和暴雨的不利影响两个事件中，双方均能够依据开放、协商的基本原则开展合作，形成对 B 行为的有效监管与规范，促使 B 消除敌对情绪，保持积极的合作预期，采取更多的合作行为，如对 F 决策的接受、积极沟通、提出合理优化建议等。

从项目契约内容柔性的影响来看，开放式项目合同允许 B 通过合理的程序向 F 提出建议或变更。B 能够充分表达自身的观点与建议，实现与业主的有效对话。该项目的施工负责人表示："这个项目中虽然工期很紧张，但我们能够与 F 交流，他们会认真听取反馈，及时做出回应。"同时，通过事后再谈判双方实现了对意外事项的应对与责任划分，如在地质条件再生变化、暴雨水位上涨时，F 并未要求风险产生的不利影响完全由 B 承担，而是依据合同条款，进行了较为灵活的处理，与 B 共同承担风险责任，达成双方都认同的结果。在此过程中，B 展现出积极正向的合作态度，对 F 的决策方案均表示认同和理解，认为 F 能够合理、公正地解决问题。由此可见，土建项目契约内容柔性在应对项目不确定性的过程中，能够通过合理的正式谈判程序与风险分配，促进承包方形成公平感。

另外，项目合同提供了开放性与事后调整及谈判，为 B 项目活动提供有力的指导与支撑。尤其是对于意外事项的变更程序与灵活性，在项目实施过程中切实帮助 B 更好地与 F 进行沟通协商。同时，正式的合同制度，也让 B 感受到来自业主方的合作意愿与诉求，在项目初期便对 F 产生了良好的印象，并在后续谈判中表现出对 F 各项风险决策方案的认同与接受，反映出 B 对 F 专业能力的认可。由此，可以认为该项目中开放式合同条款与事后再谈判程序促使 B 对 F 能力、交易制度信任感的形成。

2. B 公司能源站土建项目"契约执行柔性—关系状态—关系行为"分析

从项目履约过程来看，地质变更与暴雨意外事项的发生使项目合同现有条款无法有效指导活动。因此，双方针对各意外事项实施协商谈判，对意外事项的应对、责任的划分及设计方案的优化等问题进行沟通，在较为融洽的情境下达成了双方均认可的应对方式。同时，在提出增加防水建议的程序中，B 没有严格按照变更流程向上汇报，而是以更灵活的方式及时与 F 沟通，得到了 F 的认可。可见，该项目契约执行柔性主要体现为事后意外事项的再谈判以及灵活的履约过程，即当合同条款不再适用项目情境时，双方可以灵活处理或进行新的协商，而不是固守原合同规定。

B 与 F 在履约过程中展现出开放、良性的合作态度，双方间形成了积极的伙伴关系，彼此能够在相互理解的基础上开展合作。例如，在地质条件发生变化时，通过与 F 的沟通，双方明确了各自的责任与问题，B 积极配合 F 追赶工期；当暴雨发生时，F 对工期与成本的调整表现出对 B 的理解与认可，B 在接受 F 决策后，也愿意继续合作，更是在发现问题后，积极建议 F 增加防水措施，维护业主利益。

从项目契约执行柔性的影响来看，项目契约执行柔性体现出的灵活谈判帮助 B 在意外事项发生时，能够实现与 F 的有效、及时的交流对话，如在提出增加防水设计时，不需固守刻板的汇报程序。这在允许承包方快速响应突发事项的同时，进一步提升了交易程序的合理有效。同时，双方通过正式协商顺利达成统一结果的过程体现出 F 对 B 的认可。B 的员工感受到 F 对自身的友好、尊重，以及对专业能力的重视。可见，项目执行柔性通过灵活的变更或谈判程序、良好的协商互动过程提升了承包方的公平感。

另外，在与 F 的灵活沟通、谈判及互动过程中，B 感受到 F 对意外事项的理性判断，既不逃避责任，也会按合同协议办事，结合项目实际来进行最终决断。对 F 的决策，B 均表示接受，体现出其对 F 能力的充分肯定。此外，良好的协商促使 B 更为充分地了解 F 的想法与观点，通过 F 的决策了解到其对自身利益的考量，以及对持续合作的良好意愿，促进了双方关系的良性发展。因此，正如 B 项目经理所说："项目的实施让我们彼此相互理解。我可以感受到业主对我们的理解，并且相信他们愿意开展共赢合作，"即项目契约执行的灵活性，促使承包方提升对业主能力及双方关系的信任程度。

3. B 公司能源站土建项目"关系状态—关系行为"分析

从承包方关系状态来看，在关键事件的处理过程中，B 从风险责任分配、谈判协商程序及灵活开放互动中，感受到与 F 交易合作活动的合理性。这种主观感受也进一步促进了 B 对 F 的信任。首先，在与 F 协商地质变化、暴雨影响的过程中，F 在听取 B 的观点的基础上，做出了双方都认同的决策。B 对协商结果的合理性表示认同，相信 F 具备合理应对风险的能力。其次，B 遵循合同所设定的变更和谈判程序与 F 开展合作，取得了良好的成果。这反映出 B 对正式制度体系的认同，相信通过正式程序能够有效保障自身利益。最后，双方在灵活、开放的谈判过程中形成了相互尊重、灵活的良好关系。B 相信在这样的合作中 F 不会损害自身利益，如该项目的技术人员表示："随着项目实施，业主所表现出的公平让我们的关系很融洽，我相信他们能够很好地配合我们工作。"由此，B 在各关键事件过程中感受到的公平性，能够促进其对业主能力、合同制度及合作关系的认可，有助于 B 信任的产生。

双方良性合作中 B 所展现出的积极状态对其合作行为也有着明显的影响。一方面，B 形成的公平感使其体会到来自 F 的善意，尤其是在风险应对过程中，F 的善意使得双方能够顺利、平稳地解决各类问题。因此，作为受益者，B 也愿意反馈给 F 善意，如在地质条件变化事件中，B 承认了自身的不足，未能对地质进行更深入的勘察，愿意承担相应责任，并承诺加大投入追赶工期；在意外暴雨事件中，B 在双方达成一致协商后，表现出了积极的配合与沟通状态，努力帮助 F 追赶工期，弥补损失。

另一方面，B 对 F 形成的信任感也促使其能够站在 F 的角度来思考问题，如对 F 做出的让步与妥协表示感激，相信 F 的决策能力，在汛期后与 F 积极沟通，反馈项目进展信息，提出合理建议，优化设计方案，规避潜在安全风险。因此，可以认为在该项目中，B 与 F 间达成的柔性项目契约，通过有效改善 B 的关系状态，促进了 B 合作行为产生，主要表现为共同解决问题或承担责任、积极反馈信息及追赶工期。

4.4　案例描述与分析：C 公司炼厂改造项目

4.4.1　项目概况

炼厂改造项目是 C 公司（简称 C）隶属集团与中亚地区某国炼油厂（简称 H）达成的老旧炼化厂更新改造总承包项目。C 作为八家公司联合体的一员参与项目工程，与另一家设计公司共同承担整个项目的设计任务。该项目于 2014 年 1 月中标签约，炼厂总占地面积为 324 公顷，包括 73 公顷的新建区域，15 套工艺装置（新建 13 套，改造 2 套）以及 61 个单体的新建及改造。项目总投资额高达 13 亿美元，整体工期为 45 个月，分两期实施，一期工程内容主要是炼厂加工流程的完善、加工能力的提升及环境保护与安全生产隐患的消除；二期工程于 2015 年 1 月签约启动，内容涵盖炼厂生产能力的恢复、加工深度的提高。项目目标包括将生产能力恢复至 600 万吨/年，产品能够满足欧洲相关标准，实现重油转化能力、轻质产品产量与质量的大幅度提升。预期项目完工后，该炼厂的产品将在目标市场占据 30%以上的市场份额。

鉴于规模较大，新建内容量大，技术难度较高，项目影响较大等特殊性，该项目不仅被 H 关注，甚至受到了所在国政府的高度重视。因此，在签约谈判过程中，H 不仅聘请了来自德国的专业监理，还针对项目设计、采购、施工等方面提出了一系列较为苛刻的需求，如要求在不停产的情况下施工，使得项目的设计标准、采购运输等变得更为严格和困难；一期工程限定为 1.5 年，制定了极为严格的工期违约赔款制度；要求项目的详细设计需满足该国以及国际通用标准的同时，还要应用软件进行绘制；项目设计文件需要形成多个版本，包括英文、俄文、审查以及业主方认可的版本；此外，项目设备采购技术协议需经 H 的审查才能予以通过。为了能够进入国际以及该国市场，C 在尚不熟悉国际项目标准的情况下，对 F 的需求基本全盘接受，双方签订的项目合同十分复杂严苛。

4.4.2　关键事件描述

通过对 C 公司炼厂改造项目的分析，本书对项目中具有代表性的关键事件进行梳理提取发现，该项目的设计问题是 H 与 C 间合作冲突产生的重要来源，双方间关系从相互质疑、恶化，到后期转为认同与感谢有着戏剧性的变化。因此本书针对这一过程进行探究（图 4.6），以揭示"契约柔性—关系状态—关系行为"的内在联系。

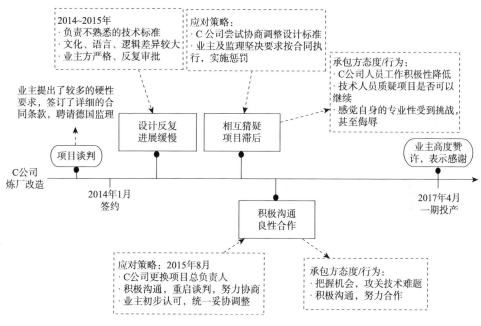

图 4.6　C 公司炼厂改造项目关键事件图

1. 项目初期设计反复修改

该炼厂改造项目是 C 所属集团联合体推进国际化的重要一步，因此各方较为重视项目的实施，但签约启动后，项目的设计阶段便遇到了阻碍。依据项目合同，项目初始工艺、设计方案及设计计算分别由国外两家专业公司负责，C 要求在项目初始设计方案的基础上对设计进行深化，形成详细的设计方案。两家外国公司采用所在国与国际设计标准，与 C 所熟悉的中国标准之间存在较大差异，使得 C 设计工作遇到挑战。同时，H 要求设计方案翻译为三个不同的语言，这又增加了 C 与前期设计单位间沟通理解的难度。C 的技术人员不仅要重新学习国际设计标准，还要努力适应语言、文化的差异，以准确理解彼此的需求、观点等，这增加了设计工作的难度，降低了工作效率。由于对标准体系不够熟悉、彼此间沟通不顺畅，C 的项目设计不仅进度缓慢，所提交的设计图纸也频频得不到 H 的认可，甚至有时一周也无法通过一张图纸的审批，设计返工、窝工现象成为常态。面对此种情境，C 原有的积极预期逐渐消失，但项目已经签约，C 只能顶着压力继续推进工作，设计工作举步维艰，C 员工的工作气势低落。

2. 项目初期相互猜疑

尽管 C 依旧坚持推进设计工作，但双方合作情况依旧不乐观。自项目中标后一年多，项目的详细设计方案依旧没有全部完成，严重影响了项目的后续采购活动。鉴于此，C 考虑到项目启动时间还不算久，如果可以调整相关标准还可弥补一些损失。反之，若无法按时完成设计，将给后续工作带来更大的风险和隐患。另外，C 项目设计人员发现，合同采用的标准虽然对项目质量等方面的要求更高，但对于该项目来说并不实用，也不利于项目成本的控制，甚至造成浪费。因此，C 希望 H 能够给予理解，尝试与 H 及监理就工期等问题进行协商，以保证后续工作能够顺利实施。同时，希望在保证项目功能与质量的情况下，对设计方案进行调整，将国内的一些标准也加入其中，以便设计各方更好地沟通和协调。

该要求的提出立刻遭到德国监理方的反对。H 认为 C 的申请是在变相降低设计标准，严重不符合合同要求。既然合同谈判期间 C 已经认可了初始设计及审查标准，事后就不能轻易地改变，必须严格按照合同执行。对于当前 C 设计进度的严重迟缓，H 感到非常不满，开始质疑 C 的专业能力，甚至宣称要启动罚款措施，解除合同，转换其他承包方。

面对业主与监理的强硬态度，C 感到十分无奈，一些人员感觉外方对设计的要求过于严苛，对现实情况的考量不够。一位受访者表示："业主和监理对设计方案的审查异常严格，就算是与标准要求的细微差异，对方也会要求我们重新设计，一张图纸反反复复可能要好几次，而延误了工期还要对我们进行索赔。感觉自己掉入了 H 挖好的陷阱中，对方似乎根本不在乎项目是否能完工。"一时间，C 与 H 及监理间陷入持续的争论与博弈之中，项目工期一再延误。C 项目相关人员工作积极性急剧下降，一些设计人员感觉自身的专业性受到了挑战，甚至侮辱，对项目是否能够继续表示怀疑。

3. 项目中后期积极沟通良性合作

2015 年 8 月，由于项目已经严重延误，面对巨额的索赔，C 所在的承包联合体倍感压力，在几方商讨下决定更换项目总经理，由具有国际项目经验的 M 接手该项目，希望借此扭转项目困境。M 上任后发现，由于双方在文化、逻辑、语言等方面有较大差异，H 及监理坚持最初合同不予调整，C 一时间也难以完全履行过高的标准，工作热情严重不足，双方陷入了一个死循环。为改变现状，M 组织人员重新梳理了项目现状，发现双方的关键争议在于前期方案的设计与采购问题，具体的施工过程双方反而推进较为顺利。设计与采购的问题，一方面来自初始设计方案深度的不足，以及数据等方面的欠缺，使得后续深化设计难度加大；另一方面 H 十分信任监理方的决策，而对 C 的认知不准确，技术审核十分严格，如 140 余个设备采购技术协议，业主会进行逐一、反复的审查，加剧了设计采购进度的延期，也引起了 C 相关人员的质疑与反感。

针对上述问题，M 决定再次尝试与 H 进行沟通，重新开始双方的艰难谈判。H 对 C 已形成了十分不好的印象，甚至在谈判中直言 C 是"骗子"，正在不断降低项目标准，胁迫 H 购买更多的中国产品。在一次协商中，H 还强硬地提出项目工程必须在 2017 年底完工，不能有任何延迟。面对 H 的坚决态度，M 组织人员重新说明自身的立场，强调中国标准符合国际水平，价格低廉，质量过关，且 C 更为熟悉，并不是对原有标准的降低，采购的设备也是面向国际市场的。经过多轮沟通与谈判，2016 年初 H 终于接受了中方的建议，做出了一定的让步。为了继续项目，H 同意 C 在设计问题上进行更多的协商，接受中国设计标准融入原有设计标准体系之中。自此谈判局势得以转变，双方合作逐步进入良性过程。

对于 H 的转变，C 人员终于有了喘息的机会，看到了项目得以继续的可能。受访的设计负责人说："原本的工作真的太难继续了，H 的让步让我们看到了希望，自己终于能够被理解了……这才是合作的态度，对双方都是有好处的……"相对地，C 的设计人员也很是珍惜这一机会，感觉自身努力得到了初步认可，在 M 的鼓励和引导下，与 H 及监理开展积极沟通，开始攻关技术难题。在后续的几个月时间内产出的设计图纸达到四万多张，都较为顺利地通过了 H 的审核。看到显著成效的 H 也随之变得更为开放积极。在后续的争议协商、变更沟通中表现出了良好的合作态度，如允许一部分材料和设备从中国采购，但相当一部分是由具有国际知名度的中国品牌提供的；对于设备技术协议的审核，H 同意重点审查其中较为关键的 9 个协议，而其余协议由 C 进行自我审查，汇报后可直接进入采购过程。由此，双方的合作开启了良性循环，一直存在的劳务签证等棘手问题也得到良好的解决，项目建设进度得到快速推进。2017 年 4 月，随着一期工程机械的竣工验收，H 的负责人在投产大会上高度赞扬了 C，对 C 的努力与投入表示了感谢。

4.4.3　案例内分析：研究单元 3

本书通过关键事件对 C 公司炼厂改造项目中"契约柔性—关系状态—关系行

为"的表现及相互关联进行分析发现，该案例关键事件中项目契约柔性水平前后发生了变化。因此，本书将项目初期与中后期分别视为两个独立且完整的研究单元3与研究单元4，分阶段研究。

1. C公司炼厂改造项目初期"契约柔性—关系状态—关系行为"分析

如图4.7所示，项目初期H与C签订了十分详细且严格的合同，如明确且复杂的技术标准、严格的审查程序、缺乏事后调整等，聘请德国的监理负责监管项目履约。当C因双方文化、语言、自身对设计标准的不熟悉等原因导致项目设计与采购进展缓慢，严重影响工期时，H与监理严厉拒绝了C所提出的变更申请，强调必须严格履约，并继续实施严格的设计协议审查制度，甚至提出惩处措施。可见，在项目最初阶段，项目契约内容与执行的柔性是十分缺乏的。

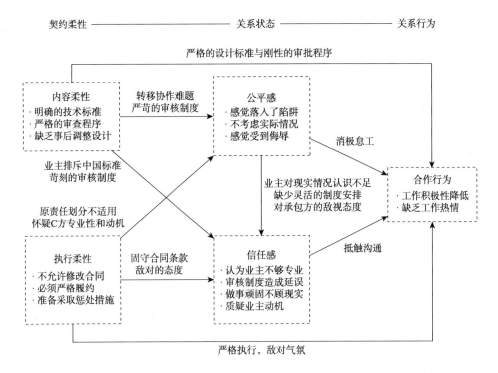

图4.7　C公司炼厂改造项目初期"契约柔性—关系状态—关系行为"分析

从契约柔性对行为的影响来看，一方面，刚性的合同条款虽然形成了对C行为的严格限制，但却不利于当前问题的解决，更是成为C采取恰当行为的障碍。另一方面，H的强硬态度造成双方关系的进一步恶化，形成双方的敌对态势。

C 无法理解 H 如此严格的用意，甚至认为 H 是在恶意惩罚，不愿与 H 进行过多的沟通，而是随着事态自由发展，只求不再出现其他错误。可见，项目初期 C 虽然碍于惩罚与监管没有采取机会主义行为，但却表现出强烈的不满与消极的行为。

从契约柔性对双方关系影响来看，刚性的契约内容让 C 陷入了困境。尽管设计反复等问题的主要责任在 C 自身能力的欠缺，但 H 及监理在合同中设计的审核程序及范围要求 C 独自承担设计问题，也确实增加了 C 的工作难度，延缓了项目进度，制度的合理性有待商榷。在这种情境下，C 设计人员倍感工作压力，认为 H 并未充分考虑项目的实际与设计难度，将合作问题都推给了 C，甚至感觉陷入了 H 预设的陷阱中，故意借此向 C 索赔。由此，项目契约柔性的缺乏，从风险分配与合同制度程序上给 C 造成了不利影响，使其缺乏公平感。

另外，面对刚性的项目合同条款，C 认为不了解中国设计标准而一味排斥，甚至不考虑自身需求，是一种非常不专业的表现。同时，苛刻的审核制度不但没有帮助 C 的设计工作，反而造成更多的阻碍和不必要的延误，即项目契约内容柔性的不足，促使 C 对 H 的专业能力及合同制度产生怀疑。

在项目初期的履约过程中，当 C 尝试向 H 提出调整或变更诉求时，H 和监理表现出十分强硬的态度，不仅不允许对合同设计标准进行调整，甚至当面质疑 C 的专业能力与变更动机。在 C 看来，H 对变更的处理过于粗暴，当前的责任分配、协商过程并不合理，因此产生了强烈的负面情绪，感到自身的专业能力受到侮辱，没有得到 H 的尊重，即 C 在与 H 的责任划分及互动中没有感受到公平。

同时，H 与监理对合同条款的固守，以及所表现出的敌对、竞争态度，让 C 人员认为 H 做事过于僵化，完全不适应项目的真实情况，开始质疑 H 拒绝变更的目的在于要求索赔。正如一位设计人员所说："我们感觉 H 根本不考虑实际情况，更缺乏管理能力，甚至将我们视为敌人，为了惩罚我们才故意拒绝变更的。"这表明，项目初期阶段项目执行柔性的不足让 C 对 H 的能力及彼此的关系都产生了不信任感。

2. C 公司炼厂改造项目初期"关系状态—关系行为"分析

从承包方关系状态来看，C 在刚性的项目契约内容与执行情境下，逐渐形成的对 H 能力、合同制度及互动关系的不公平感，在一定程度上促生了对 H 的不信任。其中，由于 H 在设计标准的设定中并未考虑双方文化、语言、专业熟练程度等方面的差异，且事后不愿意接受对方建议调整最初方案，而 C 一时间难以单方面应对上述情境，使得 C 认为业主所制定的标准是不适用的，并且贬低了 C 的专业性，更是让双方处于一种敌对状态。这种由于程序、互动过程而产生的不公平感，损害了 C 人员对 H 的信任，认为 H 缺乏专业知识与技能、故意设置陷阱，甚至怀有不合作的心理。该项目的 C 设计负责人如此描述："那个时候 H 的一系列做法让我们难以接受，根本不是在解决问题，而是激化矛盾，不公正也不理性。我真的认为他们是在故意刁难。"

从 C 的行为来看，此时 C 所展现出的各类负面情绪与感受，促使其表现出明显的抵触和消极行为。由于项目设计难度较大，C 人员工作压力很大，一直处在设计、提交、修改、赶工的循环之中。当 H 驳回修改申请并强化了监管与惩处时，C 人员更是在不公平感与不信任感的驱动下消极怠工，甚至放弃与 H 的进一步对话沟通，表现出较低的工作积极性与热情，开始怀疑项目是否还要继续。

4.4.4　案例内分析：研究单元 4

1. C 公司炼厂改造项目中后期"契约柔性—关系状态—关系行为"分析

以 C 项目经理的更换为转折点，项目进入中后期阶段（图 4.8）。随着 H 与 C 进一步协商，项目契约柔性水平得到明显的提升。通过多次谈判沟通，H 最终允许 C 对原设计方案进行调整变更，融入所熟悉的中国标准，并放宽了协议审批程序，将需要审批的协议大幅缩减为 9 个，项目借此得以顺利实施，解决了双方困境。H 随之也表现出更为积极的态度，允许 C 进行更多的协商，确保项目实施。由此，该项目契约内容柔性水平得到了转变，提升了条款的适应性与完备性，形成了事后可调、再协商、变更与纠纷处理条款。在执行柔性方面，此阶段中 H 开始转变敌对态度，愿意与 C 进行更多的协商，对合同条款的适用性进行重新谈判，允许其灵活地履行契约。当双方关系得到进一步改善时，H 也在一定程度上愿意授权，如允许 C 对多数设备技术协议进行自我审核，即履约过程转变得更具灵活性，执行柔性显著提高。

项目契约内容与执行柔性的提升对 C 的行为产生了积极的影响。一方面，更新后的设计与审批制度更加符合项目实际需求，为 C 的设计工作提供了可行的规则与制度程序，加快了项目设计进度，推动设计及审批工作更高效地实施运作。另一方面，此时双方间的良性沟通有力地推动了伙伴关系的形成，原本的敌对氛围得到改善，C 人员开始积极投入工作，优化设计图纸，解决设计难题。可见，项目契约柔性的提升形成了双方开展合作的制度性与关系性的支持，促使 C 采取合作行为。

从契约柔性对关系状态的影响来看，更新后的设计标准与审查程序在一定程

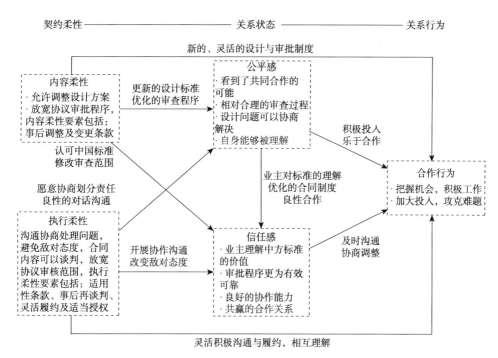

图 4.8　C 公司炼厂改造项目中后期"契约柔性—关系状态—关系行为"分析

度上减少了阻碍，加快了设计与采购的实施进度，让 C 看到了合作的可能，可以更快地通过审核。可见，契约内容柔性的提升使 C 感受到了合理的风险责任划分以及协作过程的有效。另外，对原合同条款内容的调整也表明，H 开始理解并认可中国标准，接受了 C 所提出的更为有效的审核程序。这让 C 相信，H 的专业能力有所改善，能够为继续合作提供可靠的制度程序。

此阶段 H 对 C 的态度有所缓和，愿意对设计及采购问题进行灵活的协商，通过良性的交流来解决问题，而不是一味地排斥 C 观点。这一转变让 C 看到协商解决设计问题的可能，自身的"骗子"标签能够被拿掉，专业性被 H 认可，得到了公平的对待。同时，H 放弃对原合同内容的固守，转为愿意进行沟通协作，不再将 C 视为敌人，让 C 相信 H 有能力通过协作来解决问题，并构筑良好的合作关系，即项目契约执行灵活性的提升，促使 C 对 H 的能力与双方关系产生信任感。

2. C 公司炼厂改造项目中后期"关系状态—关系行为"分析

项目合同设计标准与审批程序的优化调整实现了对 C 设计工作的支持，让其看到了合同制度有效性、合理性的提升，相信在新制度下双方能够比较合理地看待并解决设计进度缓慢的问题。同时，H 对 C 设计专业能力的理解与合作态度的转变，让 C 感受到 H 对合理责任划分与审批程序以及良性互动的追求，从而相信

H在专业知识能力、合同制度保障及双方合作关系方面是积极的。

经历了上述转变后，C人员的行为也出现了显著的积极性。H公平的对待促使C也积极投入工作中，珍惜这来之不易的机会，配合H的工作与需求，工作热情与积极性显著提升。同时，逐渐修复的信任关系也让C人员开始认为，H并非为了"坑害"承包方利益，而是希望项目实施得到保障，进而愿意积极与业主沟通共享信息，一同解决出现的问题，追赶被延误的工期进度。

4.5　跨案例分析

基于案例内分析，本书对各案例归纳对比，归纳工程项目契约柔性与承包方合作行为间关系要素，进而构建"契约柔性—关系要素—合作行为"间影响机理模型。

4.5.1　项目契约柔性与承包方合作行为间关系要素识别

归纳各研究单元内分析结果，各事件中承包方均明显表现出对交易合理性以及可靠程度的主观认识与态度，体现出强烈的公平感与信任感（图4.9）。

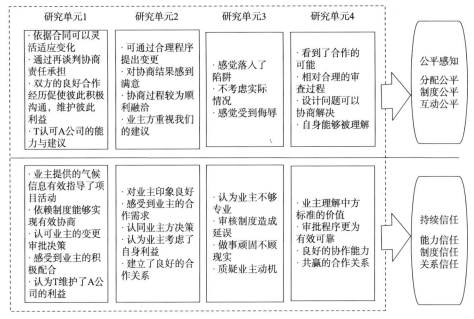

图4.9　项目契约柔性与承包方合作行为间的关系要素

一方面，四个研究单元中承包方均表现出不同程度的公平感。这种公平感主要来源于不确定性责任与利益的分配、项目契约内容与执行中体现的合理性，以及项目实施与不确定性应对过程中承发包方间沟通互动的友好、尊重等状态，即承包方感受到在分配、制度及互动中的合理性，形成对发包方及交易的主观认识与判断[225]。例如，在研究单元 1、研究单元 2 与研究单元 4 中，合理有效的制度程序成为双方的行为依据，帮助其合理划分风险责任，提供了工程变更与协商的正式渠道，双方形成良好的互动关系，承包方对各事件中业主的决策、制度合理性以及双方关系形成了积极认识，产生公平感。

另一方面，随着项目契约的实施，四个研究单元中承包方均表现出对业主方的持续信任。这种信任既来自对业主风险决策能力的认识，也形成于相关制度程序的可靠程度，以及双方间的正式与非正式互动关系[226]。例如，在研究单元 1 中，A 对业主的多项决策与能力表示认可，愿意配合业主开展各项活动；在研究单元 2 中，业主对风险结果的主动承担、对 B 利益的考量等，让 B 形成对业主可靠性的积极判断，主动提出有利于项目的新方案；在研究单元 3 与研究单元 4 中，C 对业主由初期的质疑，逐渐转变为后期的沟通理解、可靠乃至合作。

同时，结合案例访谈资料来看，多数受访者都提出，公平性及信任是项目实施过程中的关键，甚至是核心关系要素，对自身的行为有着重要影响。例如，A 公司的项目经理描述："从项目合同签订开始，我们与业主就正式明确了合作关系。在之后的工作中，业主是否公平、是否可信，是我们重点考虑的。" C 公司的设计人员明确提出："公平与信任，这是我们项目得以扭转的关键。若我们始终是抵触情绪，就算要承担巨额赔偿，项目也不可能继续了。"因此，本书将承包方公平感知与持续信任作为承包方关系状态的关键构成要素，以此开展进一步的研究分析。

4.5.2　项目契约柔性对承包方合作行为的影响分析

案例内分析表明，项目契约柔性对承包方合作行为产生影响，且项目契约内容柔性与执行柔性对承包方合作行为的影响有着不同的作用机理，如图 4.10 所示。

首先，四个研究单元呈现出不同程度的项目契约内容柔性，表现为合同条款所设计的浮动范围、对不确定性的完备程度、条款的事后可调整、事后再谈判条款、工程变更及合同纠纷处理，这与本书第 3 章内容形成了较好的印证。同时，上述契约内容柔性对承包方合作行为的影响主要是基于正式制度规范形成的。多

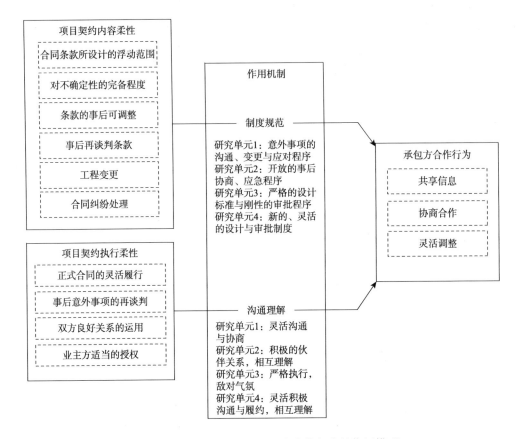

图 4.10　项目契约柔性对承包方合作行为的作用模型

方案的条款设计、事后再调整/谈判条款、工程变更程序等为承包方的行动提供了正式、可遵循的程序，形成对其行为的描述、规范、监管等制度性约束与支持，促进了合作行为产生[227]。例如，四个研究单元中均存在正式的变更申请与审批制度、事后再谈判程序制度等，这为承包方的事后汇报、协商等行为提供了支持，成为合作行为产生的基本保障。

　　其次，项目契约执行柔性水平在四个研究单元中也表现出差异性，具体形式归纳如下：正式合同的灵活履行、事后意外事项的再谈判、双方良好关系的运用及业主方适当的授权，这与本书第 3 章契约执行柔性的表现也形成了呼应。这些契约执行的柔性表现主要是基于双方间良好的合作关系，通过彼此的沟通理解，形成对承包方合作行为的激励[209]。具体来看，研究单元 1、研究单元 2 与研究单元 4 中均表现出灵活的履约过程，双方可以针对意外事项协商解决，在沟通交流的基础上承包方形成对业主以及项目的理解，这在一定程度上激励承包方开展合作行为，减少不合作的内在动机。相对地，研究单元 3 中刚性的履约过程则阻碍了项目问题的解决，导致 C 表现出消极、低投入的行为。

4.5.3　项目契约柔性对承包方关系要素的影响分析

1. 项目契约内容柔性对承包方关系要素的影响

如图 4.11 所示，项目契约内容柔性主要通过促进风险责任分担与响应程序的合理性影响承包方公平感知。其中，合同条款所设计的浮动范围、对不确定性的完备程度能够为项目不确定性的应对提供一种事前约定响应，在实现对变动有效、及时处理的同时，给予承包方一定的调整空间，适应多种可能性。例如，在研究单元 1 中合同依据气候可能产生的不同影响，对日工作时间设计了多种考察标准。通过恰当有效的多方案设计，该柔性促进了对项目不确定性或风险的合理分担。承包方不会因合同未包含某种情况而独自承担风险后果，由此产生对合作的公平认知。

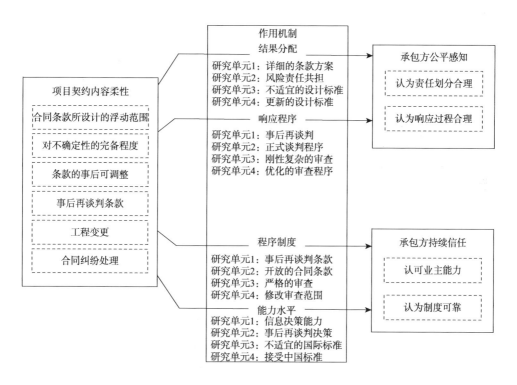

图 4.11　项目契约内容柔性对承包方关系要素的作用模型

条款的事后可调整、事后再谈判条款、工程变更及合同纠纷处理内容设定为项目提供了一定的开放空间，允许承包方在规定范围内与业主事后协商，解决签约期不能预测或难以估计的事项。例如，在研究单元 2 中，对意外事项的有效处理均是通过事后变更、再谈判等形式进行的。事前规定的适应性条款，为双方事后协商提供了有效的制度保障，承包方能够通过正式、有效、合理的程序，与业主协商处理意外事项，从制度程序层面保证了风险责任的合理划分，促进了承包方公平感的产生。

另外，项目契约内容柔性能够通过促进承包方对业主能力及合同制度的认可，提升承包方的持续信任。其中，柔性条款的有效设计与运用能够间接反映业主方在专业领域、管理决策、合作交易等方面的能力水平，如在研究单元 1 中，业主依据掌握的信息向承包方提出工期及进度建议，对执行过程起到了良好的指导作用，得到承包方的肯定和信任。同时，依据事前柔性条款的设计，承包方能够按合同规定及时、灵活地与业主方进行协商调整，弥补原有制度的不完备。这从制度层面提供了可靠、灵活的保障，促进了承包方信任的形成或提升[164]。例如，研究单元 4 中，在业主对原审查程序及范围进行柔性调整后，C 的设计人员开始认为自身工作有了制度性的支持。

综上，项目契约内容柔性分别通过结果分配与响应程序、能力水平与程序制度，作用于承包方的关系要素，使承包方对业主、合作结果、过程及制度产生认同，进而促进承包方公平感知与持续信任的形成或提升。

2. 项目契约执行柔性对承包方关系要素的影响

如图 4.12 所示，项目契约执行柔性对承包方关系要素也有着不同的作用机理。首先，项目契约执行柔性通过不确定性或风险响应程序与交易互动过程，促进承包方形成公平感。与契约内容柔性提供的正式程序不同，这里的响应程序是执行过程中对刚性程序的灵活优化，是结合项目实践过程与情境，对原响应程序的补充和完善，有助于提升交易过程中的合理性。其次，柔性的契约执行过程提升了双方互动的灵活性。尤其是当发生不确定性事项时，承包方不必固守合同，而是以良好关系、协商，甚至授权的形式与业主开展合作。这允许承包方在相互沟通协商、彼此尊重认可的过程中开展各类活动，从互动关系的层面提升公平感。这一点在研究单元 4 中体现得尤为明显，项目中后期随着 H 态度的转变以及执行过程的灵活调整，C 人员对 H 的态度和评价也从原本的质疑、敌对转变为可靠、乐于合作。

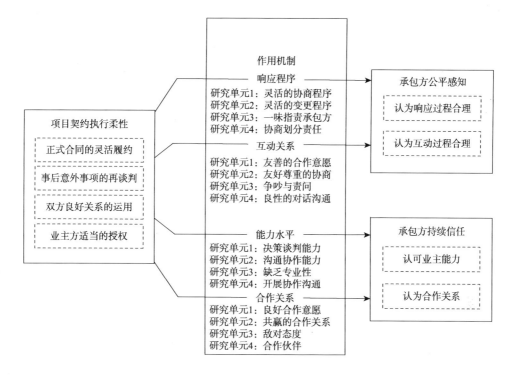

图 4.12　项目契约执行柔性对承包方关系要素的作用模型

　　另外，项目契约执行柔性同样有利于承包方持续信任的形成或持续。首先，在应对项目不确定事项的过程中，交易双方需要紧密的沟通与协作。这促使承包方更深入地了解业主各项能力，如在研究单元1中表现为，业主对A公司焦化项目环境所掌握的信息能力、与承包方的沟通能力、对项目的监管能力等；B公司能源土建项目业主的能力主要体现为与承包方的协作沟通能力、对意外事项的合理决策能力等；C公司炼厂改造项目中业主的能力存在一个转变，主要是对新标准的理解和把握，即在专业技术方面的能力提升。业主通过柔性契约执行所体现出的这些能力，实现了对不确定事项及时、经济的响应，因此受到承包方的信任。其次，事后谈判、非正式关系等柔性执行要素，能够有效地促进双方关系的改善与优化。例如，在研究单元 2 中，业主以灵活协商的形式与承包方开展合作，进而获得了 B 的认可，相信业主是乐于合作、共赢的；C 公司炼厂改造项目中业主前后的变化更是改变了 C 的态度，开始相信 H，愿意帮助业主解决项目技术难题。由此，项目契约执行柔性能够从业主能力、合作关系两个方面促进承包方信任的形成与提升。

4.5.4 承包方公平感知对持续信任的影响分析

案例分析发现，承包方公平感知能够促进承包方持续信任的形成或提升。多位案例受访者明确表示，在项目实施过程中，如果业主能够合理公平地处理双方问题或风险，他们会相信业主不会为了个人利益而损害承包方。结合形成因素分析，承包方公平感知对持续信任的影响有着三种作用机理，如图 4.13 所示。

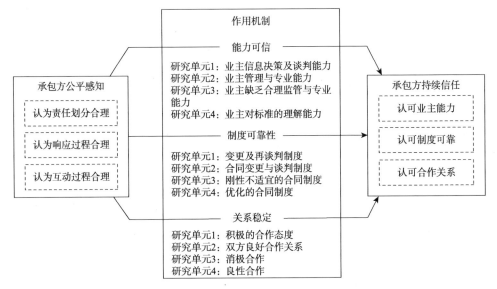

图 4.13 承包方公平感知对持续信任的作用模型

首先，承包方公平感知通过促进对业主能力的认识作用于持续信任。在项目履约过程中，不确定事项或风险责任及结果的公平划分、合理的响应与互动过程促使承包方公平感知的形成，这种公平感进一步深化了对业主的认识，使承包方相信业主具备履行自身职责、开展协作互动所需的多种能力[228]。例如，在研究单元 1 中业主表现出的信息能力，在研究单元 2 中业主表现出的风险决策能力，及在研究单元 4 中业主表现出的专业知识等，促使承包方确信这些能力有利于项目实施，达成各方目标。

其次，承包方公平感知通过制度可靠性促进对程序的信任。由责任划分、响应过程与互动过程产生的公平感，有利于承包方对正式与非正式制度合理性的认可，体会到业主方的尊重，使其相信制度的存在有利于业主履行契约责任与承诺，保障承包方利益。例如，在各案例中，当意外事项发生时，承包方能够通过正式的变更程序，向业主方提出变更申请，协商解决问题。协商过程中双方对程序的灵活运用，促进了承包方对制度的公平感知的提升，改善了对业主的态度或评价，激发彼此的良性合作。

最后，承包方公平感知通过对稳定合作关系的认可促进对合作关系的信任。承包方在与业主的沟通、协商、合作等正式或非正式接触交流中产生的公平感，强化了与业主间稳定、良性的交易关系，既包括双方间正式的合作交流，也包括非正式的人际关系[175]。例如，B 在与业主的协作过程中，构建了相互理解的合作关系，能够彼此尊重、真诚地去解决意外事项；在研究单元 4 中业主态度的良性转变，促使 C 看到继续合作关系的积极面，消除原有质疑。

4.5.5　承包方关系要素对合作行为的影响分析

承包方公平感知与持续信任分别通过公平互惠与利他承诺对合作行为产生影响，促使承包方在项目履约过程中展现出合作行为（图 4.14）。

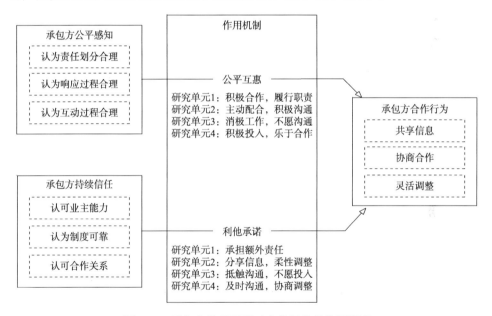

图 4.14　承包方关系要素对合作行为的作用模型

1. 承包方公平感知对合作行为的影响

各案例均表明，承包方公平感知的形成与提升主要是通过公平互惠对合作行为产生积极影响。当项目承包方在责任划分或结果分配、不确定性响应及互动过程中感受到公平时，会对项目任务、双方关系、制度体系等感到满意[179]。为了继续这种良性交易，承包方愿意给予业主积极反馈，采取更为友善、合作的态度与行为。具体表现为承包方向业主及时开放地汇报或公开项目信息、积极配合业主协商解决各类问题、响应业主的需求调整行为，以更好地推动项目实施，即当承包方感受到"友善"时，将回馈以"友善"，以保持双方达成的公平均衡。这一点在C公司炼厂改造项目中体现得尤为明显，在研究单元3中C感受到的是业主方的质疑，甚至侮辱，进而反馈给业主的是不积极，甚至放弃项目的态度。在研究单元4中，当C感受到来自业主方日益增强的认可时，也转变了自己的态度，并积极配合业主。

2. 承包方持续信任对合作行为的影响

承包方持续信任对合作行为的促进作用是通过利他承诺实现的。当承包方认为业主方的能力、形成的制度体系及彼此的交易关系值得被信任时，便对业主形成了一种积极认知。此时，作为信任施予者，承包方相信业主在责任、可靠性等方面是值得信赖的，是不会为了自身目标而利用承包方的。这种心理预期或判断促使承包方降低与业主的敌对意识，避免过度的自我保护，在督促其自主履约的同时，愿意考虑业主的利益，协同彼此目标，进而激发利他行为，承担更多的责任[229]。例如，在研究单元1中，A积极配合业主方解决审查标准变更的难题；在研究单元2中，B为业主方考虑提出了优化的项目方案，帮助其避免损失；在研究单元4中，C设计人员也在项目中后期表现出积极的态度，及时向业主汇报反馈信息，改善现状，降低工期延误的不利影响。可见，承包方持续信任的存在促使其更关注双方共同利益与目标，构建了利他的心理承诺，愿意帮助维护业主利益。

4.6　本章小结

本章旨在从关系视角出发，对项目契约柔性与承包方合作行为的内在影响机理进行探索。首先结合项目实践情境，通过规范的案例筛选过程，选择三个项目样本作为研究资料，并对案例项目中的关键事件进行识别与提取，最终确定了四个研究单元，分别包括了项目契约内容柔性与执行柔性不同水平的组合，形成多案例间的比较。其次，按照"契约柔性—关系状态—关系行为"的分析逻辑，开展案例研究单元内及跨案例研究单元间的对比分析，在识别关系状态内在要素构成的基础上，依次分析"契约柔性—合作行为""契约柔性—关系要素""关系要素—合作行为"之间的内在影响机理。

结果显示：①在工程项目契约柔性对承包方合作行为的影响中，承包方的关系状态主要体现为公平感知与持续信任。②项目契约内容柔性与执行柔性分别通过正式制度规范与沟通理解作用于承包方合作行为。③项目契约内容柔性通过结果分配、制度程序影响承包方公平感知水平，通过制度与能力影响承包方持续信任；项目契约执行柔性分别通过程序与关系影响承包方公平感知，通过能力与关系影响承包方持续信任。④承包方公平感知基于公平互惠作用于合作行为，承包方持续信任基于利他承诺作用于合作行为。⑤对公平的判断与认知能够提升承包方对业主能力、交易制度及关系可靠程度的积极预期，促进承包方持续信任的形成或提升。

第5章 工程项目契约柔性对承包方合作行为作用路径研究

为进一步检验工程项目情境中，项目契约柔性、承包方公平感知、持续信任及合作行为各构念间的内在作用路径，本章结合现有理论与第4章研究，以统计实证研究方法开展研究，在构建各构念关系假设与路径模型的基础上，通过研究设计、假设检验、结果分析与讨论，检验并解释项目契约柔性对承包方合作行为的差异化影响。

5.1 研究假设与模型构建

5.1.1 工程项目契约柔性与承包方合作行为

1. 工程项目契约内容柔性与承包方合作行为

依据第3章研究，项目契约内容柔性的适应性主要体现为契约内容的完备程度与可调整程度。首先，项目契约内容的完备程度的提升能够有效降低交易中的模糊性，增强承包方行为可预测程度：第一，契约内容条款愈是完备，承发包双方愈可在事前对未来的各类情境提前预测，精确地描述和说明各方预期、角色和责任，在制度过程、激励措施、价格、程序等方面的准确的规定[230]，减少了灰色地带与机会主义行为空间，增强交易的透明度，促进双方信息沟通，为事后意外的应对提供有效指导[229]。第二，完备详细的契约签订形成了对机会主义行为的有效监管，承包方需要履行自身的责任，采取合作性行为[231]。第三，完备的项目合同清晰地界定了各类纠纷产生时双方的责任与权利，承包方能够依据规则与业主展开合作，减少业主对机会主义行为的武断判断或单边担忧[174]，同时顺利解决冲突或纠纷，避免冲突升级[232]。第四，详细的项目合同促使交易双方能够明确彼此期望，提升目标一致性，统一或调整各方利益与行为，限制机会主义行为的空间[233]，促使交易各方持续、合作性地开展各项活动[184]。

其次，项目契约内容柔性的可调整程度对合作行为有着积极作用，能够在不确定事项发生时，为承包方创造一定的缓冲区，保护其合理利益。该类条款体现了一种良好的未来预期，营造合作性的环境氛围，激发承包方的角色内与角色外行为[234]。调整条款体现交易各方继续交易的内在意愿，激励承包方主动承担责任。因此，在影响因素较多的交易中，凭借提前制定多种可选择的策略，有效地降低严重损失或交易破灭的可能性[234]。项目契约内容的调整性条款，如成本加成条款，允许依据变化对材料、设备等价格进行动态调整，使得承包方在签约阶段无须对未知风险过度担忧，由此减少了合同的事前搜集成本，同时授予承包方事后寻求公平回报的权力，有利于机会主义行为的减少[36]。此外，再谈判条款能够在项目全过程中提供协商调整机制，针对特定情境开展谈判，形成对意外事项的有效响应[6]。该柔性机制促使交易各方回到谈判桌，基于项目当前信息与情况进行决策。此时，承包方有机会就当前问题进行协商，形成新的处理方案，而不是在风险发生时，为降低成本而采取减少投资等机会主义行为。

2. 工程项目契约执行柔性与承包方合作行为

契约执行柔性将交易主体间的良好关系与有效沟通等作为柔性要素，通过关系能力注入契约过程，促进各方通过合作或其他补偿技术来解决问题或纠纷[10]。允许交易各方在执行项目契约过程中，以非正式的方式实现对变化的适应，采取更多适应性的调整以应对不确定性，形成履约过程中的柔性机制，更为灵活地处理未能预见的事项[235]。其对承包方合作行为的推动作用主要体现为，履约过程中应对不确定性的事后调整[3]。

首先，执行过程的柔性创造了一个缓冲空间，允许承包方的事后柔性合作与协调，激发其对项目过程及任务充分讨论，更好地理解事后出现的不确定性。这种事后的清晰界定是承包方采取合作的关键因素，实现项目交易对持续变动环境的有效响应[235]。其次，项目执行柔性能够为承包方的事后合作提供一个框架，为项目治理创造一种快速响应的扩展空间，形成应对项目不确定性的潜在契约策略[21]，减少承包方的机会主义行为。最后，项目契约执行柔性支撑承包方以更灵活的方式实现对意外事项的快速响应，提升项目执行效率。由此，提升各方交易满意度，形成承包方采取合作态度的前提[3]。相应地，建立起灵活的交易关系规范，形成自我强化机制，替代复杂且耗时的正式协商过程[236]。例如，良好的交易关系允许承包方采取互惠共赢的方式来独立应对一些风险，而不是事事请示业主。

综上分析，本书提出项目契约柔性与承包方合作行为间的关系假设：

H5.1：工程项目契约柔性对承包方合作行为具有正向影响。

H5.1a：工程项目契约内容柔性对承包方合作行为具有正向影响。

H5.1b：工程项目契约执行柔性对承包方合作行为具有正向影响。

5.1.2　工程项目契约柔性、承包方公平感知与合作行为

1. 工程项目契约柔性与承包方公平感知

在各类不确定性事项中，项目成本、收益、损失等方面的分配，以及响应程序与互动关系中的公平合理性，构成了承包方公平感知的基础，即项目承包方公平感知源于结果、过程及交易关系中的公平程度。项目契约正是对交易结果、过程及关系的事前约定与事后指导，不仅对各方的责任、收益等进行协商约定，还对相关程序制度等过程进行设计，以指导项目活动与行为。事实上，项目契约需要尽可能地提前明确各类意外事项的潜在解决方案[6]，并通过灵活的履行过程给予实施，来明确各方责任、期望的行为与方式，以及可能的结果，从而有效监管各类风险。可见，项目契约提供了一种公正的风险应对机制，对承包方公平感有着重要的影响。相应地，项目契约中柔性要素的注入及柔性水平的提升，是对多种未来情境的动态调整与柔性履约，这对于风险的合理分担，以及意外事项的响应程序，交易各方间的互动均产生影响[21]。

首先，契约内容柔性通过设计较为完备的合同条款，为未来可能风险或不确定性提供有效的响应方案，是对未来变化的动态响应机制。例如，与固定价款相比，成本加成合同考虑了未来成本或价格变化风险，采取业主与承包方共担风险的策略给予应对，在一定程度上减轻了承包方的负担，允许在合同限定范围内以新的、更为合理的方式根据未来物料等价格的变动核算项目价格[132]；通过设计多种情况下的奖惩条款，业主依据项目具体实施情况进行收益分配，实现对双方利益的整合，促进项目收益分配的合理性[237]。其次，项目契约内容设置的事后再谈判，给予承包方参与风险二次分配的权力，能够在获取足够信息的基础上开展风险应对，提升风险责任划分与应对过程的合理性[21]。最后，项目中各类变更条款的设计是承包方争取合理利益的有效途径，尤其是当发生某些意外、突发的系统性风险时，该类条款能够在制度层面上为事项的顺利、高效解决提供支持，避免双方纠纷[3]。综上，项目契约内容柔性形成了项目价格与收益的调整机制，从正式契约制度层面，促使承包方在项目不确定性发生时与业主共同参与风险决策、合理共享责任或收益，从不确定性的结果分配、过程应对及协商互动几

个方面促进公平感的形成。

另外，项目契约执行柔性通过彼此关系能力推动项目的履约与实施。当某些意外情况出现时，对于不符合或不能满足实际的合同条款，业主不强行要求承包方执行合同约定，而是采取协商、默许等灵活方式解决，形成对意外情况的合理响应。鉴于契约内容的天然不完备性，项目承发包双方会签订一个开口合同。此时，承包方能够借助这开放式契约关系，获取更多针对未来不确定事项的再协商机会[17]，与业主共同商定责任划分与解决方案。业主与承包方间形成信任、承诺等关系要素，构成了执行柔性的重要机制[17]。基于这种"软契约"，承发包间不再拘泥于合同条款规定，而是更为关注彼此间的有效对话。承包方能够通过对话沟通实现与业主的交流互换，达成双方认可的一致方案，形成对正式契约不完备性的补充[238]。此外，业主基于良好关系的适当授权是项目契约执行柔性的重要表现形式。该机制允许承包方在一定范围内自行处理项目问题，无须事事提前与业主商谈。这不仅提升了项目不确定性的应对效率，弥补了正式制度的缺失或烦琐，还形成对彼此关系的肯定，促使其产生积极认识与公平感[53]。可见，项目契约执行柔性的提升形成对正式合同条款的灵活处理与完善，实现对项目实施过程中不确定性结果、过程的合理划分与应对，有效支撑承包方与业主间的积极互动。

综上，本书提出如下假设：

H5.2：工程项目契约柔性对承包方公平感知具有正向影响。

H5.2a：工程项目契约内容柔性对承包方公平感知具有正向影响。

H5.2b：工程项目契约执行柔性对承包方公平感知具有正向影响。

2. 项目承包方公平感知与合作行为

在工程项目中，公平感知是解读和理解合作行为的重要概念[179]，其对于构建有益的组织间关系有着重要影响。由于信息的缺乏，承包方对业主的认识主要依赖于自身对公平性的感知程度[239]。公平感的产生能够促使承包方形成良好的意愿，为项目实施做出努力，从而有效抑制道德风险[240]，促进更多的合作行为[241]。因此，承包方公平感知不仅是影响良好组织间关系的重要因素，还是合作行为形成的标志[173]。

具体来看，由分配结果合理性产生的公平感，意味着承包方的付出得到了同等的回报，这有利于承包方满意度的提升。相应地，承包方倾向采取类似行为，投入更多的资源，以取得更多的收益，维持合作关系[173]。由此，通过促进承包方对分配结果的公平感，能够有效激励其展现出更多的合作行为，促使其愿意继续维持契约关系的稳定[174]，为项目的顺利实施、业主方的利益及风险或不确定性的降低做出努力和贡献[240]。

另外，承包方从项目正式或非正式制度中感知到的公平性同样使其积极配合业主，展现出更多的合作行为[172]。一方面，源自制度程序的公平感让承包方认识到，自身的知识与能力得到了业主的肯定，这促使承包方形成一种归属感，认为自身与业主间的利益是一致的。积极的态度和认知使承包方更愿意与业主开展合作，提升双方的关系质量。另一方面，制度程序描述了业主期待的承包方行为，当承包方认为该制度是公平合理的时，便会遵守相关规定开展各项活动，这不仅从制度层面提升了彼此沟通与运作的效率，还形成了对承包方的有效治理，有利于培育承包方的合作行为模式，减少冲突[160]。

同时，在项目实施与承发包互动过程中，若感受到自身被公平对待，承包方会相信自身的价值被业主所认可，得到应有的尊重，进而形成对业主的满意[242]。此种积极的认知也促使承包方展现出更多的合作行为，尤其是在项目实施中，承包方比业主方更了解项目绩效，掌握着关于项目进展的详细、具体的信息。具有高水平互动感知的承包方则更愿意与业主分享相关信息，以提高项目绩效，实现对项目不确定性的有效响应，即在互动过程中形成的公平感，能够促使承包方以互惠互利的方式开展相关活动，甚至展现出超越合同规定的积极行为，帮助业主达成项目目标[243]，如在本书第 4 章案例分析中三家承包方在互动中展现出的积极配合、加大投入等合作行为。

综上，本书提出如下假设：

H5.3：项目承包方公平感知对合作行为具有正向影响。

基于前述分析，项目契约柔性是响应未来不确定性因素的有效机制，能够对承包方公平感知与合作行为产生正向影响。同时，公平感知则基于社会交换的互惠性形成对合作行为的积极作用。具体来看，契约柔性机制不仅作用于风险结果，同时也影响着不确定性的响应过程。以该机制为基础，项目不确定性被公平合理地在双方间进行分配，以成本更低、效率更高的方式有效处置。在此过程中，承包方不会被不适用条款束缚而承担自身无法应对的责任，而是在柔性契约机制的支持下，与业主达成公平的协商结果与良好的协作关系。随着风险责任的合理划分、相关制度的有效支持以及良好的合作互动，承包方会产生较高水平的公平感。这种对合作公平性的积极认识与感知，构成了交易互惠的前提，促使承包方为继续公平交易而付出努力，以此回应业主方，即有助于承包方合作意愿与行为的产生。因此，本书认为，承包方公平感知在项目契约柔性与合作行为间有着重要的中介作用，提出如下假设：

H5.4：项目承包方公平感知在契约柔性与承包方合作行为间起着中介作用。

H5.4a：项目承包方公平感知在契约内容柔性与承包方合作行为间起着中介作用。

H5.4b：项目承包方公平感知在契约执行柔性与承包方合作行为间起着中介作用。

5.1.3　工程项目契约柔性、承包方持续信任与合作行为

1. 工程项目契约柔性与承包方持续信任

通过对各方的需求与范围进行界定，契约降低了交易关系中的不确定性，构成了双方交易的基础。在项目实施过程中，承发包双方在彼此互动、情感交流或制度规则下能够逐渐构建起信任关系[244]。在动态演化的商业环境中，工程项目中传统刚性的缔约形式不利于信任的形成，反而促进了对立关系。相反地，长期的、伙伴性的契约则有利于承发包持续信任关系的维持[202]，具体表现如下：

（1）契约柔性与持续信任间的关系依赖于契约签订与使用的内在动机[245]。作为以关系契约为基础的柔性契约，可被视为一种回报形式，其传递的是对交易关系的承诺。柔性的提升旨在促进承发包间合作效率与水平的提升，本质上反映的是承发包方间的良性合作。在提供正式的、法律性制度的同时，也强调双方关系的灵活运用，形成对信任关系的补充，对承包方的持续信任有着积极的影响[226]。另外，契约柔性体现了交易各方对关系的积极预期，以及对彼此的善意[246]。在柔性的契约关系中，交易各方乐于调整契约以应对不可预测的事项，这有助于承包方形成积极的态度状态，即业主创造了一种减少机会主义行为的环境[247]，为承包方持续信任的良性发展构建了基础。

（2）从契约内容柔性方面来看，项目契约中描述并规定了时间、金钱、规则等方面的要求与内容，条款浮动范围的设置、对完备条款的追求有助于明确承包方的角色与职责，促使承包方充分理解自身的责任和义务。当承包方与业主达成契约时，意味着承包方对这一交易关系做出了承诺的信号。承包方感知到的责任将促进彼此承诺的构建[248]，体现为各方自愿接受和履行职责，即形成信任。同时，正式、明确、详尽的契约条款，为业主提供了证明自身是可以被信任的正式制度平台，促进承包方对业主信任的产生与持续[228]。另外，再调整条款、事后再谈判条款的设立，为双方的事后沟通与谈判提供了机会和途径，促进事后协商效率，增强沟通开放性，允许各方动态适应关系变化。这种柔性的行动进一步促进交易各方间的良好意愿，有利于高水平持续信任的形成[247]。同时，柔性变更机制的设立在一定程度上有利于承包方对自身利益的维护，减少了双方权力不平衡问题[249]，促进承包方对契约内容的满意程度，有助于承包方持续信任水平的提升。

（3）从契约执行柔性方面来看，该柔性机制的存在主要应对的是缔约成本过高，或预测难度较大的不确定性事项，其运用依赖于交易各方间的关系契约能

力。关系契约的运用已被证实是项目环境下激发信任的重要形式[202]。同时，在项目履约过程中，当发生上述不确定性事项时，承发包双方若能以合作方式适应新情况变化，双方利益便实现了协调与维护，降低了不确定性的不利影响。相应地，双方间的信任关系也将良性发展，持续信任关系得到维护或提升[247]。另外，承发包双方愿意调整契约内容的前提是，调整后的预期收益将大于继续保持原契约的收益。因此，在执行过程中对契约内容规定的柔性处理，意味着承包方相信柔性的调整能够有效维护自身利益，也有利于其对项目回报及良好意愿的维持[226]。

综上分析，本书提出工程项目契约柔性、承包方持续信任间的关系假设：

H5.5：工程项目契约柔性对承包方持续信任具有正向影响。

H5.5a：工程项目契约内容柔性对承包方持续信任具有正向影响。

H5.5b：工程项目契约执行柔性对承包方持续信任具有正向影响。

2. 项目承包方持续信任与合作行为

现有研究表明，信任能够有效促进企业间的合作关系[250]。结合工程项目来看，承包方持续信任对其行为的影响主要表现为以下几方面：

首先，持续信任降低承包方的对抗思维。工程项目中充满了不确定性与潜在机会主义，信任成为维持长久合作的基础。持续信任的存在能够有效地缓解承包方与业主间的敌对气氛，促进合作关系的形成、维持甚至深化[251]。当承包方对业主存在持续信任时，会认为业主方在责任、可靠程度等方面是值得信任的。这一主观态度有助于降低承包方的对抗性思维与感知到的风险水平，减少了不确定感，避免过多的自我保护，弱化了采取机会主义行为的意愿[197]。相应地，承包方会更乐于遵守项目契约要求，履行自身职责，进而培育承发包间的伙伴关系[227]。其次，承包方持续信任将促使承包方不仅关注自身收益，更加看重与业主方间的共同利益，构成承包方合作的内在动力[3]。在面对项目不确定性时，愿意从业主的角度思考问题，通过项目整体收益的增加来提升自身收益，以合作的方式促进项目目标与绩效的达成[227]，展现出契约规定的角色之外的合作行为。再次，承包方持续信任能够形成道德约束，以及对道德行为的回馈与承诺感，减少机会主义行为。对业主的持续信任促使承包方相信，业主会以可靠、真实和长远的态度开展合作。出于对道德约束的考量，承包方会避免短期和自利行为，维持一种善意与诚实的积极状态[252]，即持续信任的存在能够约束承包方的自利和机会主义行为，展现出更多的合作行为。此外，组织间信任的存在能够有效地促进信息的共享意愿与行为[253]，支持交易过程促使各方共同开展行动解决问题，甚至促使承包方乐于对某种特定的关系资产进行专用资产投资。

综上分析，本书提出项目承包方持续信任与合作行为间的关系假设：

H5.6：项目承包方持续信任对合作行为具有正向影响。

如上述分析，工程项目契约柔性与承包方持续信任均对合作行为有着正向影响，同时工程项目契约柔性水平也影响着承包方持续信任的形成与持续。具体来看，工程项目契约柔性在构建承发包交易承诺的同时，营造了彼此间交易的合作性氛围，反映了各方对项目及彼此关系的积极预期，以及对良性交易的契约性承诺。这不仅有助于证实业主能力水平、制度的有效、关系的可信程度，确保承发包双方间权力的平衡，提升或维持承包方对业主的信任程度，还能通过关系契约的运用、双方利益的动态协调等，进一步促进承包方对业主方信任的持续。相应地，承包方对业主的这种积极判断，促使其形成合作性交易思维，更为关注彼此间整体利益的协同以及自我道德约束，形成对承包方机会主义行为的有效抑制，展现出更多的合作性行为。

综上分析，本书提出项目契约柔性、承包方持续信任与合作行为间的关系假设：

H5.7：项目承包方持续信任在契约柔性与承包方合作行为间起着中介作用。

H5.7a：项目承包方持续信任在契约内容柔性与承包方合作行为间起着中介作用。

H5.7b：项目承包方持续信任在契约执行柔性与承包方合作行为间起着中介作用。

5.1.4　工程项目契约柔性、承包方公平感知与持续信任

公平感知是交换互惠的前因，对信任有着很强的预测作用。当一方认为被公平对待时，便会对另一方产生信任感[254]。工程项目中对交易公平性的感知意味着，承包方主观判断自身利益得到了有效保障，促使其对交易的过程与结果产生满意感，相信业主是值得信赖和可靠的，促进了信任的形成与发展。同时，当承包方感受到交易的公平性时，表明承包方的投入得到了业主的认可，权利得到了支持和保障，这促使其产生对业主的信任。此外，依据社会交换过程中的互惠原则，当承包方感知到公平时，为维持交易关系的平衡，承包方也将以信任来回报感知到的公平对待，进一步促进交换过程的持续[225]。

针对信任形成与演化的研究表明，公平性是信任的必要条件，无法建立公平的交易将难以维持稳定的信任关系[255]。企业间的信任来源于双方对公平性的感知，即合作双方对公平性的认可程度与信任程度正相关[256]。在工程项目中，承包方持续信任的构建与维持在于能够感到自身的投入得到了公平回报和对待[202]。当承包方能够在交易中实现互惠互利时，才会相信业主履行了职责，遵守了双方

达成的契约承诺，进而产生并维持对业主的信任感，对业主方表现出更多的承诺与忠诚度[123]。相反地，若承包方无法得到公平的收益，便会对业主产生消极或敌对的态度，削弱对业主的信任。

综上分析，本书提出项目承包方公平感知与持续信任间的关系假设：

H5.8：项目承包方公平感知对持续信任具有正向影响。

基于前述分析，工程项目契约内容与执行柔性对承包方公平感知有着积极的影响，而公平感知对持续信任的形成也有着积极作用。具体来看，项目契约柔性可被视为交易关系中的一种协商让步，这能够形成交易各方间互惠形式的积极态度。这种合作性的交易环境减少了机会主义的威胁，有利于社会交换过程的成功与价值的创造，即契约柔性能够促进持续、公平的行为。当承包方感知自身能够获取公正合理的收益、可靠的制度程序以及业主方的友善对待时，承包方便不必诉诸变更、变动或延期等刚性形式维护自身利益[202]，而是相信业主方能够给予自身合理的回报，即促进承包方持续信任的维持或提升。

综上分析，本书提出项目契约柔性、承包方公平感知与持续信任间的关系假设，同时结合项目承包方公平感知、持续信任与合作行为间的关系分析，本书提出三者间的关系假设，具体如下：

H5.9：项目承包方公平感知在契约柔性与持续信任间起着中介作用。

H5.9a：项目承包方公平感知在契约内容柔性与持续信任间起着中介作用。

H5.9b：项目承包方公平感知在契约执行柔性与持续信任间起着中介作用。

H5.10：项目承包方持续信任在公平感知与合作行为间起着中介作用。

5.1.5 研究假设汇总与模型

经推理分析提出本书关系路径模型与研究假设，具体如图 5.1 与表 5.1 所示。

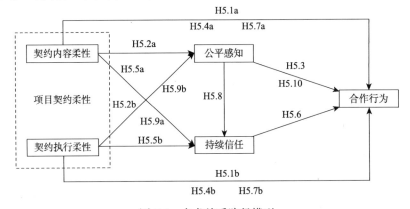

图 5.1　本书关系路径模型

表 5.1　研究假设

序号	假设内容
H5.1	工程项目契约柔性对承包方合作行为具有正向影响
H5.1a	工程项目契约内容柔性对承包方合作行为具有正向影响
H5.1b	工程项目契约执行柔性对承包方合作行为具有正向影响
H5.2	工程项目契约柔性对承包方公平感知具有正向影响
H5.2a	工程项目契约内容柔性对承包方公平感知具有正向影响
H5.2b	工程项目契约执行柔性对承包方公平感知具有正向影响
H5.3	项目承包方公平感知对合作行为具有正向影响
H5.4	项目承包方公平感知在契约柔性与承包方合作行为间起着中介作用
H5.4a	项目承包方公平感知在契约内容柔性与承包方合作行为间起着中介作用
H5.4b	项目承包方公平感知在契约执行柔性与承包方合作行为间起着中介作用
H5.5	工程项目契约柔性对承包方持续信任具有正向影响
H5.5a	工程项目契约内容柔性对承包方持续信任具有正向影响
H5.5b	工程项目契约执行柔性对承包方持续信任具有正向影响
H5.6	项目承包方持续信任对合作行为具有正向影响
H5.7	项目承包方持续信任在契约柔性与承包方合作行为间起着中介作用
H5.7a	项目承包方持续信任在契约内容柔性与承包方合作行为间起着中介作用
H5.7b	项目承包方持续信任在契约执行柔性与承包方合作行为间起着中介作用
H5.8	项目承包方公平感知对持续信任具有正向影响
H5.9	项目承包方公平感知在契约柔性与持续信任间起着中介作用
H5.9a	项目承包方公平感知在契约内容柔性与持续信任间起着中介作用
H5.9b	项目承包方公平感知在契约执行柔性与持续信任间起着中介作用
H5.10	项目承包方持续信任在公平感知与合作行为间起着中介作用

5.2　研　究　设　计

5.2.1　变量测量

第 2 章中对研究所涉及的变量内涵、维度及测量等进行了回顾，为本章奠定了理论基础。依据研究变量间的关系，将其划分为自变量、中介变量及因变量，具体如下。

1. 自变量：项目契约柔性

项目契约柔性是本书的自变量。依据第 3 章工程项目契约柔性内涵、维度界定与测量工具开发的研究结果，该变量可从契约内容柔性与契约执行柔性两个维度进行测量，两个维度的测量量表各包含了 5 个测量题项，具体内容参见第 3 章内容。

2. 中介变量：承包方公平感知与承包方持续信任

承包方公平感知是本书的一个中介变量，其测量主要借鉴了 Poppo 和 Zhou[174]、杜亚灵等[181]、Colquitt 等[178]的研究成果，从分配、程序及互动三个方面测量项目承包方所感知到的公平程度。首先，源自分配形成的公平感知测量的是，在项目不确定性或风险应对中，承包方对自身收益与付出间公平程度的感知，包括 3 个题项，即 JP_1：与我们在项目中承担的风险责任或做出的贡献相比，我们认为业主支付给我们的报酬是合理的；JP_2：与所承担的责任或风险相比，我们在项目中所掌握的控制或干预权是合理的；JP_3：如果我们的行为是对项目有利的，即使合同中没有相关的规定，业主也会给予我们相应的报酬或回报。其次，由制度程序产生的公平感测量的是承包方对正式风险决策程序及相关制度合理性的感知，包括 3 个题项，即 JP_4：在项目履约阶段，我们与业主获取的项目风险信息是对称的；JP_5：在项目履约过程中，我们能够参与业主的决策过程；JP_6：在项目履约过程中，如果我们对业主的要求和行为存在疑问，我们有权提出反对意见。最后，互动公平测量的是承包方在与业主共同应对项目不确定性或风险过程中，对彼此互动公平程度的测量，包括 3 个题项，即 JP_7：在应对项目风险的过程中，业主对我们表现出的行为是礼貌的；JP_8：在应对项目风险的过程中，业主是发自内心尊重我们的；JP_9：在应对项目风险的过程中，业主会考虑我们的感受。

承包方持续信任是本书的另一中介变量，本书主要参考组织间信任与持续信任的相关研究，构建相应的测量量表。为更为贴合我国工程项目情境，本书主要借鉴了 Rousseau 等[257]、Khalfan 等[202]、杨玲和帅传敏[206]的研究成果，从能力、关系及制度三个方面探究工程项目承包方所形成的持续信任，并进行相应的测量。其中，源于能力的持续信任包括 3 个题项，即 OT_1：在项目履约过程中，业主方能够按照合同约定支付项目工程款；OT_2：在项目履约过程中，业主信守了合同中的承诺；OT_3：业主方表现出了较高水平的合同管理能力。源于关系的持续信任包括 3 个题项，即 OT_4：在项目履约过程中，我们和业主的合作很愉快；OT_5：在项目履约过程中，我们和业主形成了良好的朋友关系；OT_6：在项目履约过程中，我们与业主有着相同的价值观、文化或处事方式。源于制度的持续信任包括 3 个题项，即 OT_7：项目合同中明确规定了我们与业主间的沟通渠道与方式；OT_8：业主会向我们澄清和说明合同条款的具体含义；OT_9：清晰明确的项目合同让我们对业主更有信心。

3. 因变量：承包方合作行为

作为本书的因变量，承包方合作行为的测量主要借鉴了 Pearce[153]、Zhang 等[150]的研究成果，使用 9 个题项分别从信息的公开交换、问题的共同解决及灵活性三个方面的行为进行测量。其中，信息的公开交换包括 3 个题项，即 CCB_1：我们会与业主开展充分的信息交流；CCB_2：如果有利于项目，我们愿意为业主提供较为机密的信息；CCB_3：当发生会影响业主的变化或事项时，我们会及时告知业主。问题的共同解决包括 3 个题项，即 CCB_4：为推动项目实施，我们愿意承担相应责任；CCB_5：我们与业主共同解决问题，而不是将问题推给对方；CCB_6：我们主动承担相应的责任，以确保合作关系的正常运行。灵活性包括 3 个题项，即 CCB_7：对于合同的修改与调整，我们的态度是开放性的；CCB_8：当意外事项发生时，我们会与业主协商新的解决方案，而不是固守过时的约定；CCB_9：如果有必要，我们愿意对合同条款内容做出改变。

5.2.2　问卷设计

在选取各研究变量量表的同时，本书对量表题项的选择、描述、排列等方面进行推敲，结合研究内容、对象等进行问卷的设计，操作步骤包括：

第一，文献研读。针对承包方公平感知、持续信任及合作行为的相关研究文献进行阅读和分析，选取文献中具有较高信效度的经典量表。通过对中英量表的比较分析、中英文互译等过程，结合研究内容、对象及情境等进行量表题项的适当改进，形成最初的测量量表。项目契约柔性的测量则采用了本书第 3 章所开发的量表。

第二，专家讨论。将最初的各测量量表通过邮件或面谈的形式与工程项目领域的教授、讲师、博士生等进行讨论。基于反馈对题项及问卷进行修缮，形成第二版调研问卷。

第三，实践者交流。将第二版的调研问卷发送给 10 名项目实践工作者，包括项目经理、工程师、施工负责人、合作管理者等，征求他们对问卷内容、格式及表述的建议，再一次进行修改，形成第三版调研问卷。

第四，问卷预调研。采用小规模问卷发放及数据收集方式，对问卷的可靠性、稳定性与真实性进行检验。共计发放问卷 150 份，回收有效问卷 113 份，以此作为预调研数据检验问卷的信效度，形成最终版的调研问卷。

经上述过程，本书最终形成的调研问卷由五部分构成：其一，基本信息及样本属性，包括性别、年龄、学历、职位、项目类型、工作年限及参与项目数量；其二，项目契约柔性，包括项目契约内容柔性与项目契约执行柔性两个方面，共计 10 个题项；其三，承包方公平感知，包括分配、程序及互动三个方面，共计 9 个题项；其四，承包方持续信任，包括能力、关系及制度三个方面，共计 9 个题项；其五，承包方合作行为，包括信息的公开交换、问题的共同解决及灵活性三个方面，共计 9 个题项。此外，第二至第六部分的各变量，均采用了利克特 5 级量表进行测量。

5.2.3 数据收集与样本描述

1. 问卷发放与数据收集

本书在样本的选取上以企业规模中上的承包方为主，受访者职位以项目经理、工程负责人、技术工程师、合同管理人员等与项目契约签订及执行工作密切相关的人员。同时，要求受访者以曾经或正在参与的具体工程项目经验为基础进行问卷作答，以受访者印象深刻的项目为核心，聚焦单一项目契约内容及过程收集相关数据，以此来提升数据的可靠性与有效性。

在数据收集方面，本书首先借助工商管理硕士学员培养课程、企业调研方案等途径，开展面对面数据收集，在说明调研内容及相关信息的同时辅助受访者作答，保证受访者能够理解问卷内容，准确获取样本数据。其次，通过大连理工大学校友会机构寻找工程项目领域的受访样本，发放 Word 版电子问卷。同时，在校友的帮助下，将问卷进一步拓展到其相关企业、同业者，形成"滚雪球"式的链式问卷发放与获取，扩大发放范围。最后，通过在线问卷调查平台形成网络问卷，在选定受访对象后，借助微信、QQ 或微博等平台进行问卷发放与数据回收。

本次数据收集从 2018 年 7 月开始，截至 2018 年 12 月，历时 6 个月，共计发放问卷 438 份，回收问卷 387 份。在对不符合调研需求、信息不完备、极端化情况等无效问卷筛选后，获得有效问卷317份。其中，纸质版问卷 53 份，电子版问卷 264 份。数据覆盖区域包括大连、沈阳、长春、北京、天津、上海、广州、福建等国内一二线城市。上述城市中，工程项目的数量及质量均具有较高水平，也是多数优质项目承包企业主要的业务活动区域，这在一定程度上增加了样本的代表性。此外，问卷变量题项总计37个，样本数量是题项的约8.5倍，满足 Tinsley 提出的 5~10 倍的要求。

2. 样本描述

如表 5.2 所示，本次调研中男女性差异较为明显，其中男性受访者为 241 位，占比 76%，女性受访者为 76 位，占比 24%。从学历分布来看，受访者首先以本科学历为主，其次为研究生学历。这两项与当前国内工程项目领域男性从业者或管理者较多、从业者学历普遍较高的现状相吻合。另外，结合年龄、工作年限与参与过的项目数量来看，受访者多处于 30~35 岁以及 35~40 岁两个年龄段，工作年限以 3~5 年以及 6~10 年为主，参与过的项目数量为 3~5 个以及 6~10 个，三者间各阶段的数量分布较为统一，在一定程度上反映了样本的良好质量。同时，从职位来看，调研对象中包括项目经理 108 名，占比为 34%；施工负责人 70 名，占比为 22%；合同经理 92 名，占比为 29%；工程师 48 名，占比为 15%，即受访者主要以较为了解项目及合同的项目经理与合同经理为主，确保数据收集的有效性。上述几方面信息表明，受访者具有较多的项目经历，能够确保后续调研题项的作答质量，提升样本的信效度。另外，通过对各题项结果的赋值计算样本各基本变量的均值与方差。结果显示，各变量的方差较小，这表明样本数据的分布较为均匀。

表 5.2　调研样本的描述性统计

项目	类别	赋值	样本量/个	占比	均值	方差
性别	男	1	241	76%	0.76	0.43
	女	0	76	24%		
年龄	30 岁（含 30 岁）以下	1	70	22%	2.29	0.92
	30~35 岁（含 35 岁）	2	117	37%		
	35~40 岁（含 40 岁）	3	98	31%		
	40 岁以上	4	32	10%		
学历	大专及以下	1	35	11%	2.43	0.80
	本科	2	136	43%		
	研究生	3	120	38%		
	研究生以上	4	25	8%		
职位	项目经理	1	108	34%	2.25	1.08
	施工负责人	2	70	22%		
	合同经理	3	92	29%		
	工程师	4	48	15%		
工作年限	2 年及以下	1	79	25%	2.26	0.97
	3~5 年	2	114	36%		
	6~10 年	3	86	27%		
	11 年及以上	4	38	12%		

续表

项目	类别	赋值	样本量/个	占比	均值	方差
参与过的 项目数量	2 个及以下	1	41	13%	2.40	0.81
	3~5 个	2	133	42%		
	6~10 个	3	117	37%		
	11 个及以上	4	25	8%		

5.2.4　数据分析方法

本书拟通过实证统计研究方法，检验提出的理论模型及假设的正确性，为研究提供较为广泛的支撑，具体分析方法包括。

1. 描述性统计分析

本书采用 SPSS 24.0 软件进行描述性统计分析，旨在对数据样本的总体特征进行解读，更为准确、详细地了解样本及数据整体特征，如受访者的年龄、职位等。同时，对样本数据的基本特征及分布进行整体描述，如样本各变量或属性的均值、方差等（如"样本描述"），为后续数据的深入分析形成初步评价。

2. 共同方法偏差检验

鉴于本书中数据的测量及获取均来自单一受访者，可能存在共同方法偏差的问题。为控制该影响，本书主要采用了程序控制与统计控制两类方法[258]。在程序控制方面，本书采用中英互译、专家讨论等方式对量表的准确性、可理解性等进行分析，确保问卷题项测量的科学性与可理解性。首先，在问卷中要求受访者以具体项目为作答情境，提升作答的针对性与准确性；其次，均明确说明本书的目的，承诺对受访者信息进行保密，促使受访者能够以开放的态度来回答问题，表达真实观点。在统计控制方面，本书使用 Harman 单因素检验进行判断，对问卷中所有测量题项进行未旋转的因子分析，结果显示共有 5 个公因子，且第一个公因子的解释力为 45.9%，未超过 50%，表明本书中的共同方法偏差问题并不显著，研究不会受到严重影响。

3. 信效度分析

本书使用 SPSS 24.0 软件进行探索性因子分析，计算各变量量表的 Bartlett's 球形检验、KMO 检验及 Cronbach's α 来检查问卷的信度。在效度方面，本书研究首先通过规范的量表设计过程保证各量表的内容效度。其次，采用软件 Amos 24.0 进行验证性因子分析以检验量表的结果效度，具体见后文。

4. 结构方程模型

结构方程模型综合了回归分析、因子分析、路径分析等多种统计分析方法，能够对研究变量间的因果关系进行解释与验证。该方法通过构建测量模型实现了对潜变量的测量，并通过结构方程模型构建各潜变量间的理论结构关系，实现了对多个变量间复杂关系、多种测量误差的同时处理与分析[259]，已成为管理研究领域广泛采用的研究方法。

结构方程模型的建立主要有两种常用参数估计方法，即最大似然法（maximum likelihood，ML）与偏最小二乘法（partial least squares，PLS）。其中，ML 更为关注结构方程模型的参数估计值，适用于不同样本间参数估计的比较，但要求研究变量具备正态分布特征以及较大的样本量。PLS 更强调测量变量对潜变量的预测，可用于有偏分布和小样本情况。比较来看，两者在参数估计结果方面并没有显著差异，而在满足数据正态分布、样本足量的情况下，PLS 可能会造成高估偏差的问题。同时，ML 更为适用于理论检验与先验理论较为充足的情况，PLS 则适用于因果预测。

本书中涉及了多个潜变量，其观察难度较大、主观性较强，模型结构及关系相对来说较为复杂，因此适用于采纳结构方程模型方法。同时，本书的目的在于解释各潜变量间的关系，具有较为充分的先验理论基础与样本数据，比较适用于ML。综上，本书采用软件 Amos 24.0 进行结构方程模型分析，在检验样本数据正态分布情况的基础上，对模型各参数进行 ML 估计，以此来评价、检验和修正理论模型与假设。

此外，本书假设及模型中有着多个中介变量，构成了多重中介作用模型，且中介变量间存在因果关系，属于复合式中介作用。通常情况下，中介效应的检验可采用逐步回归检验、Sobel 检验与 Bootstrap 检验。其中，Bootstrap 检验对多重中介效应的检验更为准确[260]，不仅可以探究潜变量的关系，还能够较为全面地检验整体模型。因此，本书在使用软件 Amos 24.0 进行初步中介效应检验的基础上，结合 Process 程序进一步分析两中介变量形成的平行中介与二阶段中介效应。

5.3　假　设　检　验

结构方程模型由测量模型与结构模型两部分构成，当测量模型通过检验后，结构模型验证才能够进行。同时，为深入揭示假设模型中介变量的作用，承包方公平感知与持续信任的中介效应也需要相应的分析与检验。因此，本节包括了测量模型检验、结构模型评估及中介效应检验三个部分。

5.3.1　测量模型检验

测量模型检验包括信度与效度分析，其中信度检验是观察变量的可靠性检验，检查方法包括 Bartlett's 球形检验、KMO 检验及 Cronbach's α 计算。本书首先使用 SPSS 24.0 软件进行探索性因子分析，以检验模型是否适合因子分析，计算结果如表 5.3 及表 5.4 所示。

表 5.3　各潜在变量信度检验结果（一）

变量	题项	CITC 值	删除题项后的 Cronbach's α	Cronbach's α	旋转后的因子载荷	
契约内容柔性	CF$_1$	0.786	0.841	0.882	0.866	
	CF$_2$	0.710	0.859		0.820	
	CF$_5$	0.768	0.845		0.861	
	CF$_6$	0.726	0.856		0.807	
	CF$_9$	0.605	0.881		0.707	
契约执行柔性	EF$_1$	0.715	0.815	0.855		0.810
	EF$_3$	0.665	0.826			0.780
	EF$_5$	0.634	0.834			0.759
	EF$_6$	0.715	0.813			0.828
	EF$_8$	0.625	0.838			0.751
Cronbach's α		0.857				
累积解释方差变异				31.969%	66.041%	
KMO 检验				0.881		
Bartlett's 球形检验		卡方值		1 517.510		
		df		45		
		Sig.		0.000		

表 5.4　各潜在变量信度检验结果（二）

变量	题项	CITC 值	删除题项后的 Cronbach's α	Cronbach's α	因子载荷
承包方公平感知	JP$_1$	0.717	0.909	0.919	0.779
	JP$_2$	0.639	0.914		0.709
	JP$_3$	0.696	0.911		0.761
	JP$_4$	0.742	0.908		0.803
	JP$_5$	0.686	0.911		0.755

变量	题项	CITC 值	删除题项后的 Cronbach's α	Cronbach's α	因子载荷
承包方公平感知	JP$_6$	0.752	0.907	0.919	0.817
	JP$_7$	0.694	0.911		0.768
	JP$_8$	0.756	0.907		0.820
	JP$_9$	0.737	0.908		0.804
累积解释方差变异				60.870%	
KMO 检验				0.922	
Bartlett's 球形检验			卡方值	1 717.096	
			df	36	
			Sig.	0.000	
变量	题项	CITC 值	删除题项后的 Cronbach's α	Cronbach's α	因子载荷
承包方持续信任	OT$_1$	0.560	0.809	0.829	0.787
	OT$_2$	0.517	0.814		0.874
	OT$_3$	0.476	0.819		0.830
	OT$_4$	0.611	0.803		0.813
	OT$_5$	0.515	0.814		0.826
	OT$_6$	0.520	0.814		0.832
	OT$_7$	0.577	0.808		0.807
	OT$_8$	0.529	0.813		0.776
	OT$_9$	0.511	0.815		0.811
累积解释方差变异				72.316%	
KMO 检验				0.817	
Bartlett's 球形检验			卡方值	1 076.081	
			df	36	
			Sig.	0.000	
变量	题项	CITC 值	删除题项后的 Cronbach's α	Cronbach's α	因子载荷
承包方合作行为	CCB$_1$	0.665	0.879	0.892	0.742
	CCB$_2$	0.616	0.883		0.700
	CCB$_3$	0.640	0.881		0.723
	CCB$_4$	0.620	0.883		0.705
	CCB$_5$	0.617	0.882		0.706
	CCB$_6$	0.675	0.878		0.757
	CCB$_7$	0.674	0.878		0.757
	CCB$_8$	0.674	0.878		0.757
	CCB$_9$	0.671	0.878		0.755
累积解释方差变异				53.616%	
KMO 检验				0.907	

续表

变量	题项	CITC 值	删除题项后的 Cronbach's α	Cronbach's α	因子载荷
Bartlett's 球形检验			卡方值	1 278.166	
			df	36	
			Sig.	0.000	

结果显示，契约柔性、承包方公平感知、承包方持续信任与承包方合作行为四个研究变量的 KMO 值均大于 0.50 的标准，Bartlett's 球形检验的卡方值均呈现显著性，说明各变量的调研数据均适合进行探索性因子分析。在此基础上，分析各检验指标发现，各构念的 Cronbach's α 系数均大于 0.8、各指标的 CITC 值均大于 0.5、因子载荷均大于 0.6 以及累积解释方差变异均大于 50%。由此，各指标均达到了相应的检验临界标准，满足统计性检验分析的基本要求，说明本书中正式调研的测量量表具有较高的内在一致性与结构效度。

在效度检验方面，主要包括收敛效度、区别效度及内容效度的分析。其中，收敛效度的检验主要以 CR 与 AVE 为标准。如表 5.3 及表 5.4 所示，各潜变量测量指标的标准化因子载荷系数分布于 0.700~0.874，均大于 0.50 的临界值[261]，且 P 值均小于 0.001。随后，依据载荷值本书对两维度 CR 与 AVE 进行计算，结果如表 5.5 所示。可见，CR 分别为 0.907（CF）、0.890（EF）、0.933（JP）、0.948（OT）和 0.913（CCB），均大于 0.70 的临界值；各维度潜变量的 AVE 值分别为 0.663（CF）、0.618（EF）、0.609（JP）、0.669（OT）和 0.539（CCB），均大于 0.50 的临界值[223]。由此，本书中各潜变量具有良好的收敛效度。

表 5.5　各潜变量 AVE 值及其算术平方根、相关系数与 CR

类别	AVE	CR	CF	EF	JP	OT	CCB
CF	0.663	0.907	0.814				
EF	0.618	0.890	0.367	0.786			
JP	0.609	0.933	0.409	0.484	0.780		
OT	0.669	0.948	0.459	0.502	0.505	0.818	
CCB	0.539	0.913	0.416	0.576	0.549	0.596	0.734

注：对角线及下方分别为各因子 AVE 值的算术平方根及其间的相关系数

区别效度的检验包括两个方面：其一，比较某潜变量 AVE 值的平方根与其他潜变量相关系数，若前者大于后者，则表明各潜变量间具有区别效度；其二，比较各潜变量所有观测变量因子载荷间的交叉载荷情况，若某潜变量的观测变量在本潜在变量上的交叉载荷均大于其在其他潜变量上的交叉载荷，表明各潜在变量间具有较好的区别效度。如表 5.5 所示，各潜变量 AVE 值的平方根均大于与其他潜变量相关系数，而计算所有观测变量的交叉负荷，结果如表 5.6 所示，各观测变量的因子载荷也显著满足相关检验标准。因此，本书中测量模型的区别效度通过检验。

表 5.6　各观测变量的交叉负荷

题项	CF	EF	JP	OT	CCB
CF_1	0.190	0.004	0.007	0.008	0.013
CF_2	0.101	0.002	0.004	0.004	0.007
CF_5	0.145	0.003	0.006	0.006	0.010
CF_6	0.094	0.002	0.004	0.004	0.006
CF_9	0.066	0.001	0.003	0.003	0.004
EF_1	0.003	0.225	0.006	0.010	0.005
EF_3	0.002	0.157	0.004	0.007	0.003
EF_5	0.002	0.128	0.003	0.006	0.003
EF_6	0.002	0.191	0.005	0.009	0.004
EF_8	0.002	0.117	0.003	0.005	0.002
JP_1	0.002	0.002	0.084	0.003	0.003
JP_2	0.001	0.002	0.069	0.002	0.003
JP_3	0.002	0.002	0.077	0.002	0.003
JP_4	0.002	0.003	0.100	0.003	0.004
JP_5	0.002	0.002	0.081	0.002	0.003
JP_6	0.003	0.003	0.135	0.004	0.005
JP_7	0.002	0.003	0.101	0.003	0.004
JP_8	0.003	0.003	0.136	0.004	0.005
JP_9	0.003	0.003	0.123	0.004	0.004
OT_1	0.003	0.005	0.003	0.076	0.006
OT_2	0.002	0.004	0.003	0.066	0.005
OT_3	0.002	0.003	0.002	0.052	0.004
OT_4	0.004	0.007	0.005	0.114	0.009
OT_5	0.003	0.005	0.004	0.086	0.007
OT_6	0.003	0.005	0.004	0.083	0.006
OT_7	0.003	0.005	0.004	0.091	0.007
OT_8	0.002	0.004	0.003	0.070	0.005
OT_9	0.003	0.004	0.003	0.074	0.006
CCB_1	0.005	0.002	0.004	0.007	0.089
CCB_2	0.004	0.002	0.004	0.005	0.072
CCB_3	0.004	0.002	0.004	0.006	0.078
CCB_4	0.003	0.002	0.003	0.005	0.068
CCB_5	0.004	0.002	0.004	0.006	0.077
CCB_6	0.005	0.003	0.005	0.007	0.097
CCB_7	0.005	0.003	0.005	0.008	0.106
CCB_8	0.005	0.003	0.005	0.008	0.102
CCB_9	0.005	0.003	0.005	0.007	0.096

内容效度的检验在于提升测量题项与相应潜变量间的一致性。本书中项目契约柔性测量量表的内容效度在第 3 章研究中得到了检验与保证，其余构念的量表则来源于现有文献的研究成果，也在一定程度上保证了内容效度。同时，在数据收集的过程中，本书遵循了规范的程序，保证了内容效度。因此，本书中测量模型的内容效度得到了有效的保证。

5.3.2　结构模型评估

1. 初始模型整体拟合检验与修正

本书绘制研究的初始结构模型，如图 5.2 所示。首先，在模型识别方面，本书中观测变量共计 37 个，能够满足模型识别必要条件的 T 规则。其次，每个潜变量的测量变量均在 3 个以上，均指向所测量的潜变量。由此，本书中结构模型是可识别的。

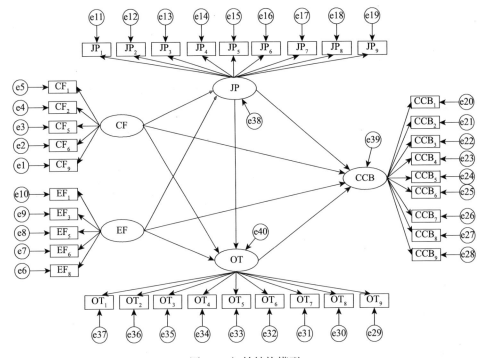

图 5.2　初始结构模型

结构模型整体拟合程度的检验在于评价理论模型及假设能否与数据间达成一定程度的适配。在模型整体拟合的检验中有着多种检测指标，如卡方值、卡方自由度比（χ^2/df）、RMR、SRMR、RMSEA、GFI、IFI（incremental fit index，递增拟合指数）、TLI（Tucker-Lewis 指数）、CFI、AGFI 等。本书借鉴已有研究，选择卡方自由度比、RMSEA、GFI、IFI、TLI 与 CFI 为主要的适配度指标。其中，χ^2/df 反映的是结构方程模型协方差矩阵与样本数据协方差矩阵的匹配程度，指标值越小越好，当小于 2/3 时表明结构方程模型的适配度良好；RMSEA 是一种绝对性适配度指标，数值越小表明模型适配度越好，当小于 0.01 时为理想适配，在 0.01~0.05 为优良适配，在 0.05~0.08 为合理适配，在 0.08~0.10 为一般适配，而大于 0.10 则为不良适配[262]；GFI、IFI、TLI 与 CFI 相应数值越大表明拟合度越高，一般取大于 0.90 的数值为临界值。

本书使用软件 Amos 24.0 对初始结构模型进行拟合检验，结果如表 5.7 所示。从拟合结果来看，虽然各指标均未达到临界标准，但整体结果尚可。另外，结合相关理论来看，模型中各路径均存在理论意义，即可保留当前模型各路径。因此，为进一步提升模型拟合效度，本书将进一步通过模型拟合修正指数，对初始模型进行修正。

表 5.7　初始结构模型整体拟合指标结果

拟合指标	χ^2/df	RMSEA	GFI	IFI	TLI	CFI
结果	1.959	0.55	0.812	0.899	0.890	0.898

初始模型拟合的修正指标显示，存在多个残差间两两协方差修正指数较高。因此，本书依据各 M.I.指数对残差变量间的相关路径进行修正。例如，残差项 e36 与 e37 之间的 M.I.指数为 87.295，同时两残差所指的测量指标均为承包方感知信任的观测指标，两指标反映的是承包方的能力信任，指标间确实存在相关关系，因此可构建两残差间的相关路径。再次运行软件 Amos 24.0 进行拟合度检验发现，各拟合指标结果均有所提升（χ^2/df=1.798，RMSEA=0.050，GFI=0.831，IFI=0.916，TLI=0.909，CFI=0.915），初始模型得到修正。按此逻辑，对 M.I.指数较大的项进行修正，分别对 e11—e12、e11—e13、e12—e13、e14—e15、e35—e36、e35—e37、e36—e37、e29—e30、e29—e31、e30—e31、e20—e21、e20—e22 以及 e25—e26 进行相关路径修正，直至各修正指数无较大结果存在，且模型整体拟合得到不断提升。最终整体拟合指标结果与模型如表 5.8 与图 5.3 所示，修正后的结构模型为 M0。从结果来看，所修正的残差项均为同一变量或维度下测量指标间的相关，这也进一步表明本书测量模型的有效性。同时，本书的结构模型整体拟合程度良好，满足各项指标的临界值要求，即修正后结构模型整体拟合程度较好，各路径均呈现显著性，模型通过拟合检验。

表 5.8 修正后结构模型整体拟合指标结果

拟合指标	临界值	拟合结果
χ^2/df	< 2	1.077
RMSEA	< 0.08	0.016
GFI	> 0.90	0.901
IFI	> 0.90	0.992
TLI	> 0.90	0.991
CFI	> 0.90	0.992

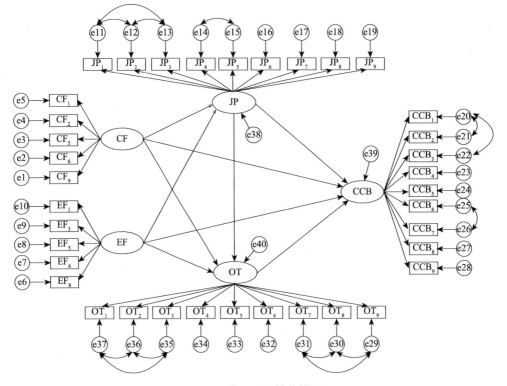

图 5.3 修正后的结构模型

2. 结构模型路径系数分析

模型路径分析在于检验潜变量间因果关系假设是否成立。本书通过计算标准化路径系数估计值、C.R.（T）值及 P 值等，分析各潜变量间的内在结构关系，相关结果如表 5.9 所示。结果显示，假设 H5.1a 未通过检验，P 值大于 0.05，未达到显著性水平；假设 H5.5a 的 P 值仅达到 0.01 的显著性水平；其余 7 个假设关系的 P 值均达到了 0.001 的显著性水平。

表 5.9　结构方程模型路径系数

假设关系	非标准化路径系数	标准化路径系数	S.E.	C.R.（T）	P
H5.1a：承包方合作行为←项目契约内容柔性	0.107	0.109	0.059	1.834	0.067
H5.1b：承包方合作行为←项目契约执行柔性	0.300	0.274	0.075	3.996	***
H5.2a：承包方公平感知←项目契约内容柔性	0.357	0.278	0.083	4.285	***
H5.2b：承包方公平感知←项目契约执行柔性	0.537	0.377	0.098	5.456	***
H5.3：承包方合作行为←承包方公平感知	0.172	0.223	0.051	3.362	***
H5.5a：承包方持续信任←项目契约内容柔性	0.115	0.175	0.045	2.534	*
H5.5b：承包方持续信任←项目契约执行柔性	0.214	0.295	0.056	3.814	***
H5.6：承包方合作行为←承包方持续信任	0.458	0.304	0.118	3.888	***
H5.8：承包方持续信任←承包方公平感知	0.155	0.304	0.040	3.887	***

*表示 P 值在 0.01 水平显著；***表示 P 值在 0.001 水平显著

由此表明，项目契约内容柔性对承包方合作行为的直接影响并不显著，而项目契约执行柔性、承包方公平感知及持续信任到合作行为的标准化路径系数为 0.274、0.223、0.304，对合作行为均存在显著正向影响；项目契约内容柔性与执行柔性到承包方公平感知的标准化路径系数为 0.278、0.377，表明项目契约内容柔性与执行柔性对公平感知有着正向影响；项目契约内容柔性与执行柔性到承包方持续信任的标准化路径系数为 0.175、0.295，表明两者对持续信任有着正向影响；承包方公平感知到持续信任的路径系数为 0.304，表明公平感知对持续信任有着正向影响。综上，假设 H5.1b、H5.2a、H5.2b、H5.3、H5.5a、H5.5b、H5.6 及 H5.8 均通过了检验，假设 H5.1a 未通过检验，假设 H5.1 部分成立。

5.3.3　中介效应检验

本书首先使用软件 Amos 24.0 的 Bootstrap 检验，对模型中的中介效应进行初步检验，其次结合 SPSS 24.0 的 Process 程序，进一步完成多重中介作用的 Bootstrap 检验，以实现对中介效应的完整分析。

1. 中介效应的初步检验

本书使用软件 Amos 24.0 进行 Bootstrap 检验，设置 Bootstrap 为 5 000，置信区间为 95%，以初步检验两中介变量的中介效应，结果如表 5.10 所示。

首先，契约内容柔性对合作行为的直接效应不显著（P=0.104>0.05），在加入各中介变量后，中介效应显著（P<0.001），表明契约内容柔性对合作行为的

影响主要是通过中介变量实现的。契约执行柔性对合作行为的直接效应（0.300）在加入各中介变量后，中介效应依旧显著，但效应值（0.228）有小幅度下降，表明模型的中介变量在契约执行柔性与合作行为间发挥部分中介效应。H5.4、H5.7 及子假设得到初步检验。

其次，契约内容柔性对持续信任的直接效应显著性（0.115）在加入公平感知后，中介效应显著性得到提升（$P<0.001$），效应值下降（0.055），表明公平感知在契约内容柔性与持续信任间发挥中介效应，假设 H5.9a 得到初步验证。契约执行柔性对持续信任的直接效应（$P<0.05$），在加入公平感知中介变量后，中介效应显著性也得到提升（$P<0.001$），表明公平感知在契约执行柔性与持续信任间同样发挥着部分中介效应，假设 H5.9b 得到初步验证。

再次，承包方公平感知对合作行为的直接效应显著性（$P<0.05$）在加入持续信任的中介作用后，中介效应显著性得到了提升（$P<0.001$），表明持续信任在公平感知与合作行为间发挥着部分中介效应，假设 H5.10 得到初步检验。

由此，本书结构模型中的公平感知、持续信任的中介作用得到初步检验，各中介效果显著，即假设 H5.4、H5.7、H5.9 与 H5.10 及其各子假设得到了初步检验。

表 5.10　结构模型中介效应初步检验

效应及显著性	变量	CF		EF		JP		OT	
		效应值	P	效应值	P	效应值	P	效应值	P
直接效应及显著性 Bootstrap Confidence	JP	0.357	***	0.537	***				
	OT	0.115	*	0.214	**	0.155	***		
	CCB	0.107	0.104	0.300	***	0.172	**	0.458	***
中介效应及显著性 Bootstrap Confidence	JP								
	OT	0.055	***	0.083	***				
	CCB	0.139	***	0.228	***	0.071	***		

*表示 P 值在 0.01 水平显著；**表示 P 值在 0.05 水平显著；***表示 P 值在 0.001 水平显著

2. 简单中介效应检验

本书结合 SPSS 24.0 的 Process 程序，依从陈瑞等[260]提出的操作程序，设置 Bootstrap 为 5 000，置信区间为 95%，完成后续简单中介、平行中介及二阶段中介效应的检验。本书模型中包括多个简单中介效应：公平感知在项目契约柔性与合作行为间的中介效应、公平感知在项目契约柔性与持续信任间的中介效应、持续信任在项目契约柔性与合作行为间的中介效应，以及持续信任在公平感知与合作行为间的中介作用。

首先，检验公平感知在项目契约柔性（内容柔性与执行柔性）与合作行为间的中介作用，非标准化结果如表 5.11 所示。

表 5.11　"CF/EF-JP-CCB"简单中介模型的中介作用检验

CF-JP-CCB	效应值	标准误	T	P	置信区间（下）	置信区间（上）
总效应	0.321 0	0.043 1	7.456 0	***	0.236 3	0.405 7
直接效应	0.251 0	0.043 5	5.775 7	***	0.165 6	0.336 7
中介效应	效应值	Boot 标准误	Boot 置信区间（下）	Boot 置信区间（上）		
	0.069 8	0.018 1	0.039 9	0.112 3		
Sobel 检验	效应值	标准误	Z	P		
	0.069 8	0.018 2	3.825 8	***		
EF-JP-CCB	效应值	标准误	T	P	置信区间（下）	置信区间（上）
总效应	0.209 6	0.054 7	3.829 9	***	0.101 9	0.317 3
直接效应	0.132 9	0.053 1	2.503 2	*	0.028 4	0.237 3
CF-JP-CCB	效应值	标准误	T	P	置信区间（下）	置信区间（上）
中介效应	0.076 8	0.021 5	0.040 5	0.126 7		
Sobel 检验	效应值	标准误	Z	P		
	0.076 8	0.022 2	3.455 3	***		

*表示 P 值在 0.01 水平显著；***表示 P 值在 0.001 水平显著

由结果可知，在契约内容柔性与合作行为的关系中，主效应同样显著（总效应值=0.321 0，$P<0.001$）。结合中介效应来看，公平感知在契约内容柔性与合作行为间有着中介作用（中介效应值=0.069 8，$P<0.001$），相应的 Boot 置信区间（LLCI=0.039 9，ULCI=0.112 3）不包含 0。同时，Sobel 检验值也呈现显著性（$Z=3.825 8$，$P<0.001$）。因此，公平感知在契约内容柔性与合作行为间起着中介作用，且呈现部分中介效应，假设 H5.4a 得到验证。

另外，契约执行柔性对合作行为的正向主效应存在（总效应值=0.209 6），达到显著性。同时，公平感知在契约执行柔性与合作行为间的中介效应存在（效应值=0.076 8），相应的 Boot 置信区间（LLCI=0.040 5，ULCI=0.126 7）不包含 0，表明中介效应存在。同时，Sobel 检验也同样显著（$Z=3.455 3$，$P<0.001$）。由此，简单中介模型"EF-JP-CCB"的中介效应存在，且呈现部分中介作用，假设 H5.4b 得到验证。

其次，检验公平感知在项目契约柔性（内容柔性与执行柔性）与持续信任间的中介作用，非标准化结果如表 5.12 所示。

表5.12　"CF/EF-JP-OT"简单中介模型的中介作用检验

CF-JP-OT	效应值	标准误	T	P	置信区间（下）	置信区间（上）
总效应	0.295 2	0.035 7	8.265 0	***	0.224 9	0.365 4
直接效应	0.204 5	0.037 9	5.398 6	***	0.130 0	0.279 0
中介效应	效应值	Boot标准误	Boot置信区间（下）	Boot置信区间（上）		
	0.090 7	0.022 3	0.050 7	0.138 8		
Sobel检验	效应值	标准误	Z	P		
	0.090 7	0.019 6	4.616 8	***		
EF-JP-OT	效应值	标准误	T	P	置信区间（下）	置信区间（上）
总效应	0.335 0	0.044 0	7.614 5	***	0.248 5	0.421 6
直接效应	0.235 3	0.044 5	5.281 5	***	0.147 6	0.322 9
中介效应	效应值	Boot标准误	Boot置信区间（下）	Boot置信区间（上）		
	0.099 8	0.023 1	0.059 0	0.150 8		
Sobel检验	效应值	标准误	Z	P		
	0.099 8	0.021 8	4.578 4	***		

***表示 P 值在 0.001 水平显著

结果表明，在"CF-JP-OT"简单中介模型中主效应同样存在（总效应值=0.295 2，$P<0.001$），而公平感知的中介效应值为0.090 7，相应的Boot置信区间（LLCI=0.050 7，ULCI=0.138 8）不包含0，Sobel检验显著（$Z=4.616 8$，$P<0.001$）。因此，公平感知在契约内容柔性与持续信任间有着中介作用，且为部分中介作用，即假设H5.9a得到验证。

另外，在"EF-JP-OT"简单中介模型中，契约执行柔性对持续信任的主效应存在（总效应值=0.335 0，$P<0.001$），公平感知的中介效应值为0.099 8，相应的Boot置信区间（LLCI=0.059 0，ULCI=0.150 8）不包含0，Sobel检验呈现显著（$Z=4.578 4$，$P<0.001$），说明中介效应存在且显著。由此，公平感知在契约执行柔性与持续信任间有着部分中介作用，即假设H5.9b得到验证。

再次，检验持续信任在项目契约柔性（内容柔性与执行柔性）与合作行为间的中介作用，非标准化结果如表5.13所示。

表5.13　"CF/EF-OT-CCB"简单中介模型的中介作用检验

CF-OT-CCB	效应值	标准误	T	P	置信区间（下）	置信区间（上）
总效应	0.318 6	0.043 4	7.345 7	***	0.233 2	0.403 9
直接效应	0.251 2	0.043 5	5.775 7	***	0.165 6	0.336 7
中介效应	效应值	Boot标准误	Boot置信区间（下）	Boot置信区间（上）		
	0.067 4	0.018 8	0.035 5	0.109 4		

续表

CF-OT-CCB	效应值	标准误	T	P	置信区间（下）	置信区间（上）
Sobel 检验	效应值	标准误	Z	P		
	0.067 4	0.017 9	3.756 4	***		
EF-OT-CCB	效应值	标准误	T	P	置信区间（下）	置信区间（上）
总效应	0.224 1	0.053 6	4.178 1	***	0.118 6	0.329 7
直接效应	0.132 9	0.053 1	2.503 2	*	0.028 4	0.237 3
中介效应	效应值	Boot 标准误	Boot 置信区间（下）	Boot 置信区间（上）		
	0.091 3	0.024 2	0.049 5	0.146 2		
Sobel 检验	效应值	标准误	Z	P		
	0.091 3	0.023 2	3.939 6	***		

*表示 P 值在 0.01 水平显著；***表示 P 值在 0.001 水平显著

　　由结果可知，在"CF-OT-CCB"简单中介模型中主效应存在（总效应值=0.318 6，$P<0.001$）。同时，持续信任的中介效应值为 0.067 4，相应的 Boot 置信区间（LLCI=0.035 5，ULCI=0.109 4）不包含 0，Sobel 检验结果呈现显著（Z=3.756 4，$P<0.001$），即持续信任在契约内容柔性与合作行为间有着部分中介作用，假设 H5.7a 得到验证。

　　另外，在"EF-OT-CCB"简单中介模型中，契约执行柔性对合作行为的主效应存在（总效应值=0.224 1，$P<0.001$），中介效应值为 0.091 3，相应的 Boot 置信区间（LLCI=0.049 5，ULCI=0.146 2）不包含 0，Sobel 检验结果显著（Z=3.939 6，$P<0.001$）。由此认为，持续信任在契约执行柔性与合作行为间起着中介作用，且为部分中介，假设 H5.7b 得到验证。

　　最后，检验持续信任在公平感知与合作行为间的中介作用，非标准化结果如表 5.14 所示。

表 5.14　"JP-OT-CCB"简单中介模型的中介作用检验

JP-OT-CCB	效应值	标准误	T	P	置信区间（下）	置信区间（上）
总效应	0.410 8	0.040 0	10.267 2	***	0.332 1	0.489 5
直接效应	0.288 3	0.041 2	6.993 5	***	0.207 2	0.369 4
中介效应	效应值	Boot 标准误	Boot 置信区间（下）	Boot 置信区间（上）		
	0.122 5	0.027 2	0.075 8	0.182 0		
Sobel 检验	效应值	标准误	Z	P		
	0.122 5	0.023 0	5.331 8	***		

***表示 P 值在 0.001 水平显著

结果显示，公平感知对合作行为的主效应存在（总效应值=0.410 8，*P*<0.001），而持续信任的中介效应值为 0.122 5，相应的 Boot 置信区间（LLCI=0.075 8，ULCI=0.182 0）不包含 0，Sobel 检验显著（*Z*=5.331 8，*P*<0.001）。由此，持续信任在公平感知与合作行为间起着部分中介作用，假设 H5.10 得到验证。

3. 平行中介效应检验

为检验模型的平行中介效应，本书依据初始假设模型分别构建"项目契约内容柔性对承包方合作行为的平行中介模型（CF-JP/OT-CCB）"与"项目契约执行柔性对承包方合作行为的平行中介模型（EF-JP/OT-CCB）"，对相关效应指标进行计算。

如表 5.15 所示，在"项目契约内容柔性对承包方合作行为的平行中介模型（CF-JP/OT-CCB）"中，中介总效应值为 0.195 5，相应的 Boot 置信区间（LLCI= 0.139 8，ULCI=0.260 3）不包含 0。可见，公平感知与持续信任在项目契约内容柔性与合作行为间有着中介作用。其中，公平感知（JP）的中介效应值为 0.098 2，相应的 Boot 置信区间（LLCI=0.060 0，ULCI=0.148 4）不包含 0；持续信任（OT）的中介效应值为 0.097 3，相应的 Boot 置信区间（LLCI=0.058 3，ULCI= 0.148 5）不包含 0。由此表明，承包方公平感知与持续信任在契约内容柔性与合作行为间有着平行中介效应。结合 C1（JP-OT）效应值 0.000 9、Boot 置信区间（LLCI=−0.070 0，ULCI=0.060 9）以及 Sobel 检验结果来看，在该模型中公平感知与持续信任的中介效应差异不显著，即在"CF-JP/OT-CCB"平行中介模型中，公平感知与持续信任的中介效应相当。

表5.15　"CF-JP/OT-CCB"平行中介模型的中介作用检验

CF-JP/OT-CCB	效应值	标准误	*T*	*P*	置信区间（下）	置信区间（上）
总效应	0.446 7	0.041 8	10.678 6	***	0.364 4	0.529 0
直接效应	0.251 2	0.043 5	5.775 7	***	0.165 6	0.336 7
中介总效应	效应值	Boot 标准误	Boot 置信区间（下）	Boot 置信区间（上）		
	0.195 5	0.030 9	0.139 8	0.260 3		
JP 中介效应	0.098 2	0.222 0	0.060 0	0.148 4		
OT 中介效应	0.097 3	0.023 1	0.058 3	0.148 5		
C1（JP-OT）	0.000 9	0.033 1	− 0.070 0	0.060 9		
Sobel 检验 JP	效应值	标准误	*Z*	*P*		
	0.098 2	0.022 2	4.420 5	***		
Sobel 检验 OT	0.097 3	0.021 9	4.449 9	***		

***表示 *P* 值在 0.001 水平显著

如表 5.16 所示，"项目契约执行柔性对承包方合作行为的平行中介模型"的中介总效应存在，总效应值为 0.384 6，相应的置信区间（LLCI=0.276 0，ULCI=0.493 3）不包含 0，即承包方公平感知与持续信任在项目契约执行柔性与合作行为间有着中介作用。公平感知（JP）的中介效应值为 0.121 8，相应的置信区间（LLCI=0.075 9，ULCI=0.177 0）不包含 0；持续信任（OT）的中介效应值为 0.130 0，相应的置信区间（LLCI=0.078 1，ULCI=0.198 0）不包含 0。由此，承包方公平感知与持续信任的平行中介效应存在。同时，由 C1（JP-OT）的效应值 −0.008 2 及置信区间（LLCI=−0.081 9，ULCI=0.064 4），可知公平感知与持续信任的中介效应同样较为接近。由此，公平感知和持续信任在契约执行柔性与合作行为间有着平行中介效应。

表 5.16　"EF-JP/OT-CCB"平行中介模型的中介作用检验

EF-JP/OT-CCB	效应值	标准误	T	P	置信区间（下）	置信区间（上）
总效应	0.384 6	0.055 2	6.964 5	***	0.276 0	0.493 3
直接效应	0.132 9	0.053 1	2.503 2	*	0.028 4	0.237 3
中介总效应	效应值	Boot 标准误	Boot 置信区间（下）	Boot 置信区间（上）		
	0.251 8	0.041 6	0.176 8	0.342 1		
JP 中介效应	0.121 8	0.025 4	0.075 9	0.177 0		
OT 中介效应	0.130 0	0.030 1	0.078 1	0.198 0		
CI（JP-OT）	− 0.008 2	0.037 0	− 0.081 9	0.064 4		
Sobel 检验 JP	效应值	标准误	Z	P		
	0.121 8	0.026 5	4.599 9	***		
Sobel 检验 OT	0.130 0	0.027 7	4.697 7	***		

*表示 P 值在 0.01 水平显著；***表示 P 值在 0.001 水平显著

4. 二阶段链式中介效应检验

本书依据初始假设模型分别构建"项目契约内容柔性对承包方合作行为的二阶段中介模型"与"项目契约执行柔性对承包方合作行为的二阶段中介模型"，随后对相关效应指标进行计算。

由表 5.17 可知，在"项目契约内容柔性对承包方合作行为的二阶段中介模型"中，路径 1 的中介效应值为 0.098 2，占中介总效应的 50.23%，相应的置信区间（LLCI=0.059 9，ULCI=0.146 3）不包含 0；路径 3 的中介效应值为 0.067 4，占中介总效应的 34.48%，相应的置信区间（LLCI=0.035 1，ULCI=0.112 7）不包含 0。可见，承包方公平感知与持续信任在契约内容柔性与合作行为间各自单独中介效应显著，假设 H5.4b、H5.7b 进一步得到检验。路径 2

的中介效应值为 0.029 9，占中介总效应的 15.29%，相应的置信区间（LLCI=0.014 3，ULCI= 0.053 2）不包含 0，可见从公平感知到持续信任的二阶段中介效应得到验证。

表 5.17　"CF-JP-OT-CCB" 链式模型二阶段中介作用检验

CF-JP-OT-CCB	效应值	标准误	T	P	置信区间（下）	置信区间（上）
总效应	0.446 7	0.041 8	10.678 6	***	0.364 4	0.529 0
直接效应	0.251 2	0.043 5	5.775 7	***	0.165 6	0.336 7
中介总效应	效应值	Boot 标准误	Boot 置信区间（下）		Boot 置信区间（上）	
	0.195 5	0.030 4	0.140 6		0.260 2	
路径 1：CF-JP-CCB	0.098 2	0.021 6	0.059 9		0.146 3	
路径 2：CF-JP-OT-CCB	0.029 9	0.009 8	0.014 3		0.053 2	
路径 3：CF-OT-CCB	0.067 4	0.019 1	0.035 1		0.112 7	
（C_1）路径 1~路径 2	0.068 3	0.024 6	0.019 6		0.117 2	
（C_2）路径 1~路径 3	0.030 8	0.029 6	− 0.029 2		0.088 6	
（C_3）路径 2~路径 3	- 0.037 5	0.019 5	− 0.080 8		− 0.003 4	

***表示 P 值在 0.001 水平显著

对比路径 1 与路径 3 发现，"路径 1~路径 3" 的效应差异为 0.030 8>0，相应的置信区间（LLCI=−0.029 2，ULCI=0.088 6）包含 0，说明两路径的中介效应差异不显著，即公平感知与持续信任在 "CF-JP-OT-CCB" 链式模型中介效应相当。对比路径 1 与路径 2 发现，"路径 1~路径 2" 的效应差异为 0.068 3>0，相应的置信区间（LLCI=0.019 6，ULCI=0.117 2）不包含 0，说明两路径的中介效应差异显著，公平感知的个别中介效应强于公平感知与持续信任的连续中介效应，即契约内容柔性对承包方合作行为的间接影响有较大部分是通过公平感知的个别中介作用实现的。对比路径 2 与路径 3 发现，"路径 2~路径 3" 的效应差异为 −0.037 5<0，相应的置信区间（LLCI=−0.080 8，ULCI=−0.003 4）不包含 0，说明两路径的中介效应差异显著，且持续信任的个别中介效应强于公平感知与持续信任的连续中介效应。综上，三条中介路径均存在显著，且公平感知与持续信任各自的个别中介效应均大于两变量的连续中介效应。

由表 5.18 可知，在 "项目契约执行柔性对承包方合作行为的二阶段中介模型" 中路径 1 的中介效应值为 0.121 8，占中介总效应的 48.37%，相应的置信区间（LLCI=0.077 8，ULCI=0.176 1）不包含 0；路径 3 的中介效应值为 0.091 3，占中介总效应的 36.26%，相应的置信区间（LLCI=0.049 4，ULCI=0.148 0）不包含 0。可见，承包方公平感知与持续信任在契约执行柔性与合作行为间的个别中介效应显著，假设 H5.4b、H5.7b 进一步得到检验。路径 2 的中介效应值为 0.038 7，占总效应的 15.37%，相应的置信区间（LLCI=0.019 9，ULCI=0.068 1）不包含 0，可见，从公平感知到持续信任的二阶段中介效应得到验证。

表 5.18　"EF-JP-OT-CCB"链式模型二阶段中介作用检验

EF-JP-OT-CCB	效应值	标准误	T	P	置信区间（下）	置信区间（上）
总效应	0.384 6	0.055 2	6.964 5	***	0.276 0	0.493 3
直接效应	0.132 9	0.053 1	2.503 2	*	0.028 4	0.237 3
中介总效应	效应值	Boot 标准误	Boot 置信区间（下）	Boot 置信区间（上）		
	0.251 8	0.040 8	0.176 9	0.335 3		
路径 1：EF-JP-CCB	0.121 8	0.024 9	0.077 8	0.176 1		
路径 2：EF-JP-OT-CCB	0.038 7	0.012 1	0.019 9	0.068 1		
路径 3：EF-OT-CCB	0.091 3	0.025 0	0.049 4	0.148 0		
（C_1）路径 1~路径 2	0.083 1	0.026 8	0.034 2	0.138 0		
（C_2）路径 1~路径 3	0.030 5	0.034 3	− 0.040 4	0.097 8		
（C_3）路径 2~路径 3	− 0.052 6	0.024 7	− 0.108 1	− 0.009 9		

*表示 P 值在 0.01 水平显著；***表示 P 值在 0.001 水平显著

首先，对比路径 1 与路径 3 发现，"路径 1~路径 3"的效应差异为 0.030 5，相应的置信区间（LLCI=−0.040 4，ULCI=0.097 8）包含 0，说明两路径的中介效应不存在显著差异，公平感知与持续信任在"EF-JP-OT-CCB"链式模型中介效应相当。其次，对比路径 1 与路径 2 发现，"路径 1~路径 2"的效应差异为 0.083 1，相应的置信区间（LLCI=0.034 2，ULCI=0.138 0）不包含 0，说明两路径的中介效应差异显著，公平感知的个别中介效应要强于公平感知与持续信任的连续中介效应。最后，对比路径 2 与路径 3 发现，"路径 2~路径 3"的效应差异为−0.052 6，相应的置信区间（LLCI=−0.108 1，ULCI=−0.009 9）不包含 0，说明两路径间存在显著差异，且持续信任的个别中介效应强于公平感知与持续信任的连续中介效应。综合来看，"EF-JP-OT-CCB"链式模型中，路径 1、路径 2 及路径 3 均呈现显著性，公平感知与持续信任的个别中介效应两者相当，且均大于两者的连续中介效应。

5.4　结果分析与讨论

本书在构建变量间关系假设的基础上，共计提出 10 个主假设与 12 个子假设。经样本数据的统计实证检验，假设 H5.1a 未通过验证，其余假设均通过检验。为充分揭示假设成立与否的内在原因，深入解读各研究变量间彼此结构关系，本节结合检验结果做进一步的讨论分析。

5.4.1　项目契约柔性、承包方公平感知与合作行为间关系

1. 项目契约柔性对承包方合作行为的作用

实证结果显示，项目契约内容柔性与执行柔性对承包方合作行为的作用显著性存在差异。其中，项目契约内容柔性对合作行为没有显著影响（$\beta=0.109$，$P>0.05$），假设 H5.1a 未成立。结合理论与实践来看，可能存在两方面的原因：其一，契约内容描述和规定了承包方的权责利，反映了应尽的义务或应遵守的规则。该柔性的提升虽降低了项目的模糊性，但并不能直接促进承包方为业主承担一定风险的意愿以及行为。其二，鉴于国内工程行业的买方市场状态，契约内容柔性提供的事后缓冲区，也可能成为业主寻求准租的机会。因此，承包方不一定会因该柔性的提升而愿意采取合作行为。

另外，项目契约执行柔性对合作行为具有显著的直接作用（$\beta=0.274$，$P<0.001$），假设 H5.1b 通过检验。该结果验证了 Harris 等[4]、Kujala 等[6]观点及第 4 章案例研究结果的正确性，即项目契约执行柔性通过双方间关系契约的构建、强化与维持，进一步强化了契约过程的合作基础，促使承包方形成积极的自我强化，展现出更多的合作行为。综上，假设 H5.1a 未通过检验，假设 H5.1b 通过检验，假设 H5.1 部分成立。

2. 项目契约柔性对承包方公平感知的影响

检验结果表明，项目契约内容柔性与执行柔性对承包方公平感知均有着正向影响，即项目契约柔性水平越高，越有利于承包方公平感的形成，假设 H5.2 及其子假设 H5.2a 与 H5.2b 均通过验证。可见，项目契约柔性能够有效影响承包方的主观判断，尤其是项目中公平程度的判断，这与 Bartling 和 Schmidt[263]的研究相一致，即契约能够协调交易双方的期望与感知。同时，从公平感知的形成来看，一方面，项目契约内容柔性为交易双方提供了多种动态响应机制，从契约制度层面确保了承包方能够获取合理的预期收益、过程的参与权及交易活动中的合理对待，避免收益、风险、权责等方面的不平等问题，有效促进承包方对结果、过程及关系的积极感知，提升承包方公平感知水平。另一方面，项目契约执行柔性的提升促使关系契约融于交易活动，以此形成对正式契约内容的完善与补充，实现了项目过程中不确定性或风险的有效应对，维护承包方在结果、程序及互动方面的合理收益与责任承担，有利于承包方公平感的形成。

从路径系数来看，项目契约内容柔性（$\beta=0.278$，$P<0.001$）与执行柔性

（β=0.377，P<0.001）对公平感知的作用强度有所差异，即项目契约内容柔性对承包方公平感知的影响略弱于契约执行柔性的影响。该差异的存在可能是因为，在项目存续期间，项目承发包双方彼此互动频繁，彼此间的合作关系更能形成对承包方的直接影响，对公平感的产生更为突出。这在一定程度上回应了第 4 章案例研究，如一位受访者表示"当契约内容未涵盖事项发生时，业主如果让我们调整应对措施，我们会认为是公平的，并且更愿意形成友好的合作关系"。也就是说，契约执行柔性有利于公平的承担职责，避免不恰当的风险分配[21]，促进承包方公平感的形成。这也在一定程度上验证了 Nystén-Haarala 等[17]在研究中所提出的契约柔性的积极作用。

3. 承包方公平感知对合作行为的影响

假设 H5.3 也通过了实证检验，即承包方公平感知对合作行为有着积极的影响（β=0.223，P<0.001）。这与 Luo[160]、Zhang 等[150]的研究结果相一致，即承包方公平感的形成有利于提升交易各方满意度，构建双方之间的互惠交换关系，进而有效促进合作关系的构建与合作行为的产生[241]。进一步来看，项目过程中承包方主要形成对收益分配、执行程序及与业主互动三方面公平程度的主观性判断。当项目承包方认为自身在项目中得到公平对待时，便对业主方的善意做出回应，积极配合业主方活动，采取合作的态度与行为活动。也就是说，承包方的公平感知能够实现自我激励，鼓励承包方付出更多的项目努力，实现缩短项目工期[173]、促进双方信息的交换[240]等目标。例如，一位受访者表示，"作为承包方，如果我们能够在价格、过程、非正式交流等方面得到公平的对待，我们会很乐于与业主展开合作，赶工、追加投入等都不是大问题"。

4. 承包方公平感知对项目契约柔性与合作行为关系的中介作用

依据 SPSS 24.0 中 Process 程序的 Bootstrap 检验结果，项目契约内容柔性能够通过公平感知对承包方合作行为发挥显著的间接效应，效应值约占总效应的三分之一。由此，项目契约内容柔性虽不能直接影响承包方合作行为，但能够通过公平感知实现对行为的间接作用。可见，项目契约内容柔性通过降低项目模糊性、强化双方目标一致性以及设置缓冲区等方式，首先作用于承包方对交易公平性的感知程度，在此基础上实现对合作行为的间接正向影响，公平感知在两者间发挥着中介效应。

另外，承包方公平感知在项目契约执行柔性与合作行为间发挥着中介作用。相应地，项目契约执行柔性对合作行为的作用包括了直接作用与间接作用两方面，其中，间接效应约占总效应的三分之一，呈现部分中介效果。事实上，契约执行柔性提供了一种重要的应对风险和不确定性的协调机制，有利于提升承包方的公平感知程度，进而促进合作行为。这一结果扩展了 Brown 等的研究，进一步揭示了组织间契约与公平间关系[193]。

比较来看，公平感知在项目契约执行柔性与合作行为间的中介效应强于其在契约内容柔性与合作行为间的中介效应。这种差异可能是因为，基于过程与实践结果的公平性与项目执行过程更为紧密，对承包方内在公平感知的影响更为直接和显著，进而作用于承包方行为。综上，假设 H5.4 及其子假设 H5.4a 和 H5.4b 均通过检验。

5.4.2 项目契约柔性、承包方持续信任与合作行为间关系

1. 项目契约柔性对承包方持续信任的影响

实证结果表明，项目契约内容柔性对持续信任的路径系数显著（$\beta=0.175$，$P<0.05$），假设 H5.5a 通过检验，即项目契约内容柔性水平越高，承包方形成的持续信任水平也越高。这从契约方面，进一步深化了 Chow 等[248]、Manu 等[228]对于承发包间信任关系前因或形成的探讨。同时，本书聚焦于持续信任，细化了张水波等[227]对于契约柔性与信任关系的研究，进一步揭示了项目存续过程中契约柔性对持续信任的影响，即项目契约内容柔性能够通过条款适应性的提升与预留空间的设置，激发承包方内心的承诺、良好意愿及满意度，形成对业主的良性反馈，有利于持续信任的维持乃至提升。

另外，项目契约执行柔性对持续信任的路径系数同样显著（$\beta=0.295$，$P<0.001$），假设 H5.5b 通过检验，即项目契约执行柔性对承包方持续信任有着正向的影响。这一结果表明，以关系契约为基础的契约执行柔性通过降低过程中的不确定性、维护承包方利益，构建良性的交易关系，促进承包方对未来的积极预期，激发以及维护内在的持续信任感，即伙伴性的契约关系有助于承包方信任的构建[202]。

对比具体路径系数发现，项目契约内容柔性对持续信任的作用小于契约执行柔性的作用。这可能是因为，持续信任的形成来自承包方对业主方能力、过程及互动的主观认识与判断，这种判断并非完全来自项目契约本身，而是通过项目过程中双方的活动与交往逐步形成的。也就是说，项目的执行过程更有助于承包方对业主方的认识与判断。因此，项目契约执行柔性对持续信任的影响更大。综合来看，项目契约柔性对承包方持续信任的正向影响得到了验证，假设 H5.5 及其子假设 H5.5a 和 H5.5b 通过检验。

2. 承包方持续信任对合作行为的影响

实证结果显示，承包方持续信任对合作行为具有显著影响（$\beta=0.304$，$P<0.001$），假设 H5.6 通过检验。这与工程项目领域信任与合作行为关系的探讨，如 Khalfan 等[202]、张水波等[227]、杜亚灵等[138]的研究结果相一致，并从过程角度，进一步检验了持续信任这一过程中主体内在状态与其行为间的正向关系。由此表明，在引入过程视角，关注项目实施全过程的情境下，持续信任成为影响合作行为的一个重要前因。项目过程中的持续信任能够降低承包方的对抗思维，缓和不确定性或风险发生时双方的紧张氛围，促使承包方关注业主目标与利益，强化合作内在动力，形成一定的道德约束，进而减少机会主义行为，促进合作的良性展开。

3. 承包方持续信任对项目契约柔性与合作行为关系的中介作用

依据 SPSS 24.0 中 Process 程序的 Bootstrap 检验结果，承包方持续信任在项目契约柔性与合作行为间起着中介作用，假设 H5.7 及其子假设 H5.7a 和 H5.7b 通过检验。具体来看，在简单中介模型"CF-OT-CCB"中，项目契约内容柔性对合作行为的总效应值为 0.318 6，中介效应值为 0.067 4。可见，契约内容柔性的提升能够从能力、关系、制度几个层面影响承包方对业主的主观判断，作用于持续信任水平，进而间接影响其外在行为。

另外，在简单中介模型"EF-OT-CCB"中，项目契约执行柔性对合作行为的总效应值为 0.224 1，其中约有三分之一的效应值来自持续信任的中介作用（0.091 3），即部分中介效应。由此，契约的柔性执行有助于承包方对业主能力、制度可靠程度及双方关系质量的积极认识，提升其信任水平，进而影响其外在行为。

比较来看，持续信任在项目契约执行柔性与合作行为间的中介效应强于其在契约内容柔性与合作行为间的中介效应。这种差异可能是因为，持续信任的形成是与项目执行紧密联系的，相应的契约执行柔性能够更直接地影响持续信任，进而作用于承包方行为。这与前文中契约内容柔性与执行柔性对持续信任影响的差异保持了一致性。

5.4.3　承包方公平感知与持续信任间关系

1. 承包方公平感知对持续信任的影响

由路径系数分析结果可知，承包方公平感知对持续信任具有显著的正向影响

（$\beta=0.304$，$P<0.001$），假设 H5.8 通过检验。这一结果再次印证了 Khalfan 等[202]、武志伟和陈莹[256]对工程项目中企业间公平与信任关系的探讨，即公平是承发包双方间信任关系的重要前置因素。可见，公平感知作为企业间交易关系的重要影响因素，影响着承包方对业主、项目等方面的满意程度与可信赖程度，构成了承发包双方间社会交换的基础。在项目实施全过程中，承包方能够从业主及项目中获取公平合理的回报与对待，直接影响其对待业主及项目的主观判断与态度，持续作用于自身的信任程度。

2. 承包方公平感知对项目契约柔性与持续信任关系的中介作用

简单中介模型"CF/EF-JP-OT"的 Bootstrap 检验结果显示，承包方公平感知在项目契约柔性与持续信任间起着部分中介作用，假设 H5.9 及其子假设 H5.9a 和 H5.9b 通过检验。这一结果进一步解构了工程项目中持续信任前置契约要素与公平关系要素的内在结构关系。分析发现，在简单中介模型"CF-JP-OT"中，项目契约内容柔性对持续信任的总效应值为 0.295 2，公平感知的中介效应值为 0.090 7。另外，在简单中介模型"EF-JP-OT"中，项目契约执行柔性对持续信任的总效应值为 0.335 0，公平感知的中介效应值为 0.099 8。可见，承包方公平感知在两契约柔性与持续信任间的中介作用相当。

3. 承包方持续信任对公平感知与合作行为关系的中介作用

根据简单模型"JP-OT-CCB"的 Bootstrap 检验结果，承包方持续信任在公平感知与合作行为间起着部分中介作用，假设 H5.10 通过检验，这一结果从过程性的信任关系视角，进一步检验和拓展了 Aibinu 等[179]对工程项目领域公平与合作行为间关系的研究。可见，承包方公平程度的感知对项目中的冲突或纠纷会产生影响，进而影响承包方的行为方式，承包方的持续信任在这一关系中起着部分中介作用，其效应值（0.122 5）约占总效应值（0.410 8）的三分之一，是承包方公平感知与合作行为间的重要中介变量。

5.4.4　承包方公平感知与持续信任的多重中介关系

1. 承包方公平感知与持续信任的平行中介关系

本书中包括了两个平行中介模型，"项目契约内容柔性对承包方合作行为的平行中介模型（CF-JP/OT-CCB）"与"项目契约执行柔性对承包方合作行为的平行中介模型（EF-JP/OT-CCB）"。首先，从模型"CF-JP/OT-CCB"的 Bootstrap 检验结果来看，公平感知与持续信任的平行中介总效应值（0.195 5）约占该模型总效应值（0.4467）的二分之一，远大于两变量的单独的中介效应，且公平感知（JP）的中介效应值（0.0982）与持续信任（OT）的中介效应值（0.0973）相当。可见，项目契约内容柔性对承包方合作行为的间接影响主要是通过公平感知与持续信任的平行中介实现的，平行中介模型比两变量各自的简单中介效应更具解释力。

其次，在模型"EF-JP/OT-CCB"中，公平感知与持续信任的平行中介总效应值（0.2518）约占该模型总效应值（0.3846）的三分之二，远大于两变量各自单独的简单中介效应，且持续信任（OT）的中介效应值（0.1300）要略大于公平感知（JP）的中介效应值（0.1218），这表明平行中介模型比两变量各自的简单中介效应更具解释力，项目契约执行柔性对承包方合作行为的间接影响主要是通过公平感知与持续信任的平行中介来实现的。

综合来看，两平行中介模型均表现出较强的中介效应，即公平感知与持续信任在项目契约柔性与承包方合作行为间起着平行中介作用，两者的中介效应较为一致，且均强于各自独立的中介效应。同时也进一步说明，契约内容柔性对承包方合作行为的间接影响主要是通过两者的平行中介来实现的。

2. 承包方公平感知与持续信任的链式中介关系

本书涵盖了两个链式二阶段中介模型，即"项目契约内容柔性对承包方合作行为的二阶段中介模型（CF-JP-OT-CCB）"与"项目契约执行柔性对承包方合作行为的二阶段中介模型（EF-JP-OT-CCB）"。

首先，从模型"CF-JP-OT-CCB"的 Bootstrap 检验结果来看，公平感知与持续信任的链式二阶段中介效应显著，效应值为 0.0299。同时，比较模型中各路径效应值发现，公平感知的个别中介效应要强于公平感知与持续信任的链式中介效应（C_1=0.0683，LLCI=0.0196，ULCI=0.1172），持续信任的个别中介效应与公平感知和持续信任的连续中介效应也存在显著差异（C_3=−0.0375，LLCI=−0.0808，ULCI=−0.0034）。同时，与"CF-JP/OT-CCB"平行中介模型对比，两者的链式中介效应要小于两变量的平行中介总效应（0.1955），即两变量在项目契约执行内容与合作行为间的平行效应更为突出，链式中介效应较小。

其次，从模型"EF-JP-OT-CCB"中的 Bootstrap 检验结果来看，公平感知与持续信任的链式中介效应显著，效应值为 0.0387。同时，比较模型中各路径效应值发现，公平感知的个别中介效应要强于公平感知与持续信任的连续中介效应（C_1=0.0831，LLCI=0.0342，ULCI=0.1380），持续信任的个别中介效应也强于公平感知和持续信任的连续中介效应（C_3=−0.0526，LLCI=−0.10181，ULCI=−0.0099）。可见，在模型"EF-JP-OT-CCB"模型中，两变量的链式中介作用均小于公平感知与持续信任的个别中介作用。上述结果形成了对武志伟和陈莹[256]关于组织间信任与公平关系的研究，即公平感知、信任与行为或合作间存在链式路径影响。

结合平行中介模型，可以发现公平感知与持续信任在项目契约执行柔性与合作行为间的平行中介效应最为显著，而承包方公平感知对其合作行为的影响以直接效应为主。综合来看，公平感知与持续信任在项目契约柔性与合作行为间的二阶段链式中介作用存在，但中介效应较小，更多地体现为两者的平行中介效应。这表明，公平与信任是组织间合作的重要影响因素，且两者对合作具有较强的直接作用。这可能是因为，公平感虽能够促进承包方内在信任的形成，但在项目环境中信任关系的建立通常更为耗时或艰难，而公平感知的作用更直接地体现为承包方的行为表现，不是必须经过信任感的二次传递。

5.5　本章小结

本章首先基于相关理论以及前文定性研究结果，构建了研究变量工程项目契约柔性、承包方公平感知、持续信任与合作行为间的关系假设，形成本章的研究假设模型。其次，运用实证研究方法对研究假设进行检验与讨论。具体包括：对研究因变量、自变量及中介变量的测量量表的选取、修改和完善，形成数据收集所需的大样本调研问卷；通过纸质版、电子版的发放获取了 317 份承包方的样本数据；采用软件 Amos 24.0 与 SPSS 24.0，开展结构方程模型与 Bootstrap 检验，对假设进行检验。

结果显示，本书中除 H5.1a 假设未通过检验外，其余各假设均得到验证。具体来看：①项目契约内容柔性与执行柔性对承包方合作行为的影响存在显著差异。其中，项目契约内容柔性对合作行为没有直接影响，而是通过直接作用于承包方公平感知与持续信任间接影响合作行为的；项目契约执行柔性对合作行为既有直接影响，又有间接影响，即承包方公平感知与持续信任在两者间起到部分中介作用。②承包方公平感知与持续信任在项目契约柔性与合作行为间起着中介效应。该中介作用包括了两者各自的单独中介效应、两者的平行中介效应以及二阶段中介效应。其中，两者的平行中介效应发挥了主要作用，分别约占"CF-JP/OT-CCB"与"EF-JP/OT-CCB"两模型中总效应的二分之一、三分之二。③承包方公平感知在项目契约柔性与持续信任间发挥中介作用，而持续信任则在公平感知与合作行为间发挥中介作用。

上述结果深化了项目契约柔性与承包方合作行为关系研究，解构了两者内在作用机制，揭示了公平感知与持续信任在两者间的重要中介效应，同时也从过程视角进一步剖析了"契约柔性—关系要素—合作行为"三者间的内在联系。基于上述结果，对最初构建的关系路径模型进行修正，结果如图 5.4 所示。

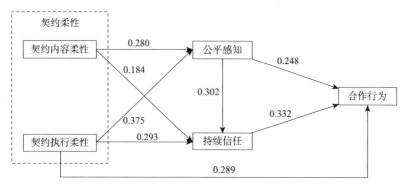

图 5.4　修正后的关系路径模型

第6章　结论与展望

随着我国经济进入稳步发展的修整期，工程建筑行业迎来大周期下滑、小周期筑底的嵌套重叠阶段，工程项目业主与承包方的关系也由传统的竞争、对立关系向通力协作的伙伴关系转变，以应对因长周期、复杂等项目特性带来的日益复杂的内外环境不确定性。在此过程中，柔性契约的思想得到广泛传播与应用，成为承发包双方开展良性合作，推动项目有效实施的关键。通过柔性要素的注入，项目契约成为业主实施有效监管、激励承包方合作、改善彼此关系的重要机制。但是，当前有关工程项目契约柔性及其与承包方合作行为的探讨较为有限。一方面，对于项目契约柔性的本质、构成及表现尚未形成清晰认识；另一方面，对于项目契约柔性与合作行为间的影响机理问题也缺少系统、深入的探讨。

鉴于此，本书采用文献研究、科学计量研究、扎根理论研究、因子分析、案例研究、结构方程模型等定性与定量研究方法，在系统回顾现有理论成果的基础上，扎根工程项目情境与数据，分析和提炼承包方视角下工程项目契约的柔性内涵与维度。从关系视角对工程项目契约柔性与承包方合作行为间的影响机理进行探索，在揭示关系状态内在关键构成要素的同时，探究"契约柔性—关系要素（公平感知与持续信任）—关系行为（合作行为）"间的彼此关联，解构工程项目契约柔性与承包方合作行为间的影响机理。随后，通过理论假设的建模与实证分析，对项目契约柔性、承包方公平感知、持续信任及合作行为间的关系进行检验与分析，揭示各构念间关系路径。本章对上述研究及成果进行归纳总结，说明研究的主要创新点、可能的局限及未来研究方向。

6.1　研　究　结　论

第一，承包方视角下工程项目契约柔性，源于项目不确定性的有效应对，需要结合不确定性可预测程度与应对成本构建柔性策略，本质体现的是契约过程中有效响应不确定性的"积极能力"，是由契约内容柔性与执行柔性构成的一阶相关两维度构念，可从未来事项可预测性、应对成本、条款浮动范围、条款完备性、事后条款可调整性、事后再谈判条款、工程变更权限、履约严格程度、事后再谈判、非正式契约运用及自主管理权力 11 个方面进行构念测量。

本书拟解决的第一个关键问题，即探究承包方视角下工程项目契约柔性的内涵与维度。扎根理论研究与因子分析表明，从承包方角度来看，工程项目契约柔性指的是承包方能够在合同签订及执行过程中，依据合同规定或在预留空间内，经济、快速响应项目不确定性的积极动态适应、灵活调整的能力。其形成源于对项目不确定性的应对，需要兼顾不确定性的可预测程度与应对成本两方面的考量。由此，该构念形成了契约内容柔性与契约执行柔性两个内在维度，前者基于项目正式合同条款，反映了对不确定事项的适应性，应对的是"可预测程度高—签约成本低"与"可预测程度高—签约成本高"两类不确定性，具体表现为条款浮动范围、条款完备性、事后条款可调整性、事后再谈判条款、工程变更权限。后者基于交易关系属性，反映了执行过程中非正式契约替代性，应对的是"可预测程度高—签约成本高"与"可预测程度低—关系成本低"两类不确定性，表现为履约严格程度、事后再谈判、非正式契约运用及自主管理权。基于定性研究结果，本书开发了工程项目契约柔性的测量量表，通过大样本数据对构念结构进行检验。最终，分别以 5 个题项测量项目契约内容柔性与执行柔性程度，得到了包含 10 个题项且满足信效度要求的工程项目契约柔性量表。同时，验证性因子分析表明，工程项目契约柔性呈现出一阶相关两维度的构念模型。综上，本书第 3 章通过定性与定量研究界定了承包方视角下的工程项目契约柔性内涵，构建了相应的多维度构念模型，开发且验证了构念测量量表，为后续研究奠定了概念与工具基础。

第二，承包方公平感知与持续信任是"契约柔性—合作行为"间的关系要素。项目契约柔性在促进承包方合作行为产生的同时，还影响着两关系要素的形成与持续；而公平感知的存在有助于持续信任的形成与持续，两者还同时对合作行为产生积极影响。即在关系视角下，契约柔性、公平感知、持续信任与合作行为间彼此关联，共同构成工程项目契约柔性对承包方合作行为的影响机理。

本书拟解决的第二个关键问题是，从关系视角深入解读工程项目契约柔性对承包方合作行为的影响机理。首先，多案例研究显示，在工程项目契约柔性对承包方合作行为的影响中，承包方的关系状态主要体现为公平感知与持续信任。其次，在关系视角下项目契约柔性、承包方关系要素及相关合作行为间存在多种内在关联：①项目契约内容柔性提供了正式制度规范，形成对承包方行为约束，有效降低机会主义行为的产生；项目契约执行柔性以良好关系为基础，促进了双方沟通与理解，减少了承包方不合作的内在动机。②项目契约内容柔性的提升，一方面，有利于项目结果分配与交易制度程序的合理性，促使承包方公平感知的形成。另一方面，能够深化承包方对交易制度、业主能力可靠性的判断与认知，有利于承包方持续信任的形成与持续。③项目契约执行柔性能够从制度程序与双方关系两个方面促进承包方公平感的提升。同时，还有助于提升承包方对业主能力与交易关系的良性认知，促进持续信任的形成与持续。④承包方持有的公平感构成了社会交换互惠原则的基础，形成对合作行为的积极影响；持续信任的存在促使承包方形成对业主的利他承诺，降低机会主义意愿，促进合作行为的产生。⑤承包方公平感知能够从能力、制度及关系三个方面有效促进持续信任的形成与持续。综上，本书第 4 章通过多案例研究，从关系视角出发，在揭示承包方关系状态构成要素的基础上，解析了"契约柔性—关系要素—合作行为"间的内在关联，进而实现了工程项目契约柔性对承包方合作行为的影响机理研究。

第三，项目契约内容柔性通过关系要素间接影响承包方合作行为；项目契约执行柔性对合作行为既有直接影响，又有间接影响。同时，公平感知与持续信任在两者间发挥多重中介作用，且主要表现为两者的平行中介。

本书拟解决的第三个关键问题是，在构建工程项目契约柔性、承包方关系状态与合作行为间关系模型假设的基础上，深入揭示三者间的作用路径。实证研究结果显示，在本书提出的 10 个主假设与 12 个子假设中，仅 H5.1a 假设未通过检验，其余各假设均得到验证。由此表明，工程项目契约柔性各维度对承包方关系状态及行为存在差异化的影响，具体如下：①项目契约内容柔性对承包方合作行为不存在直接影响，主要通过公平感知与持续信任的中介效应构成间接影响。②项目契约执行柔性对承包方合作行为既有直接影响，也有间接影响。③承包方公平感知与持续信任在项目契约柔性与合作行为间起着重要的中介效应。同时，该中介效应主要体现为两者的平行中介效应，其各自的单独中介效应与二阶段链式中介效应相对较小。④承包方公平感知在项目契约柔性与持续信任间发挥中介效应，承包方持续信任则在公平感知与合作行为间发挥一定的中介效应。综上，本书第 5 章对研究构念间的关系假设与路径进行预设与检验，进一步解读了工程项目契约柔性与合作行为间的直接与间接影响关系，深入揭示了关系要素（公平感知与持续信任）在两者间的多重中介效应。

6.2 研究展望

本书对工程项目契约柔性与承包方合作行为间关系的探究与解读，能够为我国工程项目契约设计与执行提供有效的策略指导。工程项目业主可从以下几方面入手，实现对承包方的有效激励与合理监管，构建双方良性伙伴关系，有效应对工程项目复杂性、高不确定性等问题。

第一，关注项目契约关系与过程属性，有效构建并运用项目契约柔性。对工程项目契约柔性内涵及维度的探究表明，项目契约柔性是应对项目不确定性的有效策略，能够提升项目抗风险能力，促进承包方合作行为的产生。因此，工程项目业主方需要关注项目柔性契约的构建，通过柔性要素的注入提升项目交易活动对内外动态环境的适应与调整能力。一方面，要充分理解项目正式合同对交易的重要价值，通过条款浮动范围、条款完备性、事后条款可调整性、事后再谈判条款、工程变更权限几个方面的柔性化设计，实现项目契约内容适应性的提升，为后续项目活动提供正式的、受法律保护的制度规则。另一方面，项目业主更要关注契约的过程属性，构建以良好关系为基础的契约执行柔性。通过较为灵活的履约过程、事后再谈判、非正式契约运用及授权等方面的柔性处理，形成对项目合同不完备性的有力补充和支持，辅助法律或第三方监管，实现对承包方的合理监管，促进其合作行为的产生，提升项目合同管理绩效，为项目的顺利实施创造良好的契约关系氛围。

第二，重视项目契约内容及过程的合理性，提升承包方公平感。研究结果表明，承包方公平感知在工程项目契约柔性与合作行为间发挥着重要作用，是契约柔性发挥积极影响的关键中介变量。因此，业主方在构建项目契约内容及执行柔性的过程中，需要重视项目契约的公平合理程度。一方面，通过项目合同条款的合理设计，促进承包对交易结果分配、过程制度程度的积极认知，塑造分配公平与程序公平。另一方面，通过灵活的履约过程，塑造良好的合作伙伴关系，促进承包方对契约执行过程、交易关系的积极认知，促进程序公平与互动公平的产生与持续。借此营造合理的项目交易氛围，保证承包方能够取得与投入相适宜的合理回报，实现对承包方的激励，形成公平互惠的合作关系，促进合作行为的产生。

第三，强化项目交易关系的可靠性，促进持续信任的产生与持续。本书结果显示，承包方持续信任是工程项目契约柔性与合作行为间的另一重要关系要素。业主应通过项目契约内容柔性的构建，提升承包方对自身能力、项目程序可靠性的认识，激发承包方对业主能力与项目制度的信任感。同时，还应依赖柔性的履约过程，与承包方形成良好的合作关系，使其对业主在交易关系中表现出的能力、项目实施依赖的制度产生积极预期与信任感，进而形成利他承诺，激发承包方开展良性合作的内在动力，愿意加大自身投入，采取更为合作的行为，帮助业主方达成项目目标，推进项目顺利实施。

参 考 文 献

[1] 尹贻林，徐志超. 信任、合作与工程项目管理绩效关系研究——来自承发包双方独立数据的证据[J]. 工业工程与管理，2014，19（4）：81-91.

[2] 尹贻林，王垚. 合同柔性与项目管理绩效改善实证研究：信任的影响[J]. 管理评论，2015，27（9）：151-162.

[3] 周培. 合同柔性视角下工程项目发承包方信任对合作的影响研究[D]. 天津大学博士学位论文，2014.

[4] Harris A，Giunipero L C，Hult G T M. Impact of organizational and contract flexibility on outsourcing contracts[J]. Industrial Marketing Management，1998，27（5）：373-384.

[5] Turner J R，Müller R. On the nature of the project as a temporary organization[J]. International Journal of Project Management，2003，21（1）：1-8.

[6] Kujala J，Nystén-Haarala S，Nuottila J. Flexible contracting in project business[J]. International Journal of Managing Projects in Business，2015，8（1）：92-106.

[7] Thomas D B，Helena H，Tatiana B. Flexibility in contracting：flexibility and stability in contracts[J]. A Special Issue of the Lapland Law Review，2011，（2）：8-28.

[8] Macneil I R. Contracts：adjustment of long-term economic relations under classical，neoclassical and relational contract law[J]. Northwestern University Law Review，1978，72（6）：854-905.

[9] Roberts G. Cooperation through interdependence[J]. Animal Behaviour，2005，70（4）：901-908.

[10] Poppo L，Zenger T. Do formal contracts and relational governance function as substitutes or complements？[J]. Strategic Management Journal，2002，23（8）：707-725.

[11] Wong S P，Cheung S O. Trust in construction partnering：views from parties of the partnering dance[J]. International Journal of Project Management，2004，22（6）：437-446.

[12] Malhotra D，Lumineau F. Trust and collaboration in the aftermath of conflict：the effects of contract structure[J]. Academy of Management Journal，2011，54（5）：981-998.

[13] Macaulay S. Non-contractual relations in business：a preliminary study[J]. Peking University Law Review，2005，28（1）：55-67.

[14] Salbu S R. Evolving contract as a device for flexible coordination and control[J]. American Business Law Journal，1997，34（3）：329-384.

[15] Coase R H. The Firm，the Market，and the Law[M]. Chicago：University of Chicago Press，2012.

[16] Antràs P. Grossman-Hart（1986）goes global：incomplete contracts，property rights，and the international organization of production[J]. Social Science Electronic Publishing，2011，1（8）：25-32.

[17] Nystén-Haarala S，Lee N，Lehto J. Flexibility in contract terms and contracting processes[J]. International Journal of Managing Projects in Business，2010，3（3）：462-478.

[18] 李维安，齐鲁骏. 公司治理中的社会网络研究——基于科学计量学的中外文献比较[J]. 外国经济与管理，2017，39（1）：68-83.

[19] 陈悦. 引文空间分析原理与应用[M]. 北京：科学出版社，2014.

[20] Osipova E，Eriksson P E. Balancing control and flexibility in joint risk management：lessons learned from two construction projects[J]. International Journal of Project Management，2013，31（3）：391-399.

[21] Cruz C O，Rui C M. Flexible contracts to cope with uncertainty in public-private partnerships[J]. International Journal of Project Management，2013，31（3）：473-483.

[22] Willging C E，Aarons G A，Trott E M，et al. Contracting and procurement for evidence-based interventions in public-sector human services：a case study[J]. Administration and Policy in Mental Health and Mental Health Services Research，2016，43（5）：675-692.

[23] Schepker D J，Oh W Y，Martynov A，et al. The many futures of contracts：moving beyond structure and safeguarding to coordination and adaptation[J]. Journal of Management，2014，40（1）：123-225.

[24] Albers S，Wohlgezogen F，Zajac E J. Strategic alliance structures：an organization design perspective[J]. Journal of Management Official Journal of the Southern Management Association，2016，42（3）：582-614.

[25] Athias L，Saussier S. Contractual flexibility or rigidity for public private partnerships? Theory and evidence from infrastructure concession contracts[R]. MPRA Paper，Germany：University Library of Munich，2007.

[26] Gottardi P，Tallon J M，Ghirardato P. Flexible contracts[R]. Games & Economic Behavior：CESifo Working Paper 2010，2010.

[27] He Z，Xu Y. Multi-mode project payment scheduling problems with bonus penalty structure[J]. European Journal of Operational Research，2008，189（3）：1191-1207.

[28] Andrabi T, Ghatak M, Khwaja A I. Subcontractors for tractors: theory and evidence on flexible specialization, supplier selection, and contracting[J]. Journal of Development Economics, 2006, 79（2）: 273-302.

[29] Kitamura H, Miyaoka A, Sato M. Relationship-specific investment as a barrier to entry[J]. Journal of Economics, 2016, 119（1）: 17-45.

[30] Fischer T A, Huber T L, Dibbern J. Contractual and relational governance as substitutes and complements-explaining the development of different relationships[C]//European Conference on Information Systems, 2011: 757-765.

[31] Girmscheid G, Brockmann C. Inter-and intraorganizational trust in international construction joint ventures[J]. Journal of Construction Engineering & Management, 2010, 136（3）: 353-360.

[32] Campo J D S D P G D, Pardo I P G, Perlines F H. Influence factors of trust building in cooperation agreements[J]. Journal of Business Research, 2014, 67（5）: 710-714.

[33] Hartley P R. The future of long-term LNG contracts[J]. Economics Discussion, 2015, 36（2）: 209-233.

[34] Gebel M, Giesecke J. Labor market flexibility and inequality: the changing skill-based temporary employment and unemployment risks in Europe[J]. Social Forces, 2011, 90（1）: 17-39.

[35] David U. Flexibility of 3PL contracts: practical evidence and propositions on the design of contract flexibility in 3PL relationships[C]//Logistik Management, Germany: IPRI gGmbH, 2016: 75-86.

[36] Susarla A. Contractual flexibility, rent seeking, and renegotiation design: an empirical analysis of information technology outsourcing contracts[J]. Management Science, INFORMS, 2012, 58（7）: 1388-1407.

[37] Dong F, Chiara N. Improving economic efficiency of public-private partnerships for infrastructure development by contractual flexibility analysis in a highly uncertain context[J]. Journal of Structured Finance, 2010, 16（1）: 87-99.

[38] Shan L, Garvin M J, Kumar R. Collar options to manage revenue risks in real toll public-private partnership transportation projects[J]. Construction Management & Economics, 2010, 28（10）: 1057-1069.

[39] Plambeck E L, Taylor T A. Implications of renegotiation for optimal contract flexibility and investment[J]. Management Science, 2007, 53（12）: 1872-1886.

[40] Rus N G D. Flexible-term contracts for road franchising[J]. Transportation Research Part A Policy & Practice, 2004, 38（3）: 163-179.

[41] Branconi C V, Loch C H. Contracting for major projects: eight business levers for top management[J]. International Journal of Project Management, 2004, 22（2）: 119-130.

[42] Chung W, Talluri S, Narasimhan R. Quantity flexibility contract in the presence of discount incentive[J]. Decision Sciences, 2014, 45（1）: 49-79.

[43] Tan Z, Yang H. Flexible build-operate-transfer contracts for road franchising under demand uncertainty[J]. Transportation Research Part B Methodological, 2012, 46（10）: 1419-1439.

[44] Luo Y Z, Liang F. An analysis of contractual incompleteness in construction exchanges[C]// International Conference on Computer Sciences and Convergence Information Technology, Seogwipo: IEEE, 2012: 963-967.

[45] Corts K S. The interaction of implicit and explicit contracts in construction and procurement contracting[J]. Journal of Law Economics & Organization, 2012, 28（28）: 550-568.

[46] Khan A W, Khan S U. Critical success factors for offshore software outsourcing contract management from vendors' perspective: an exploratory study using a systematic literature review[J]. IET Software, 2013, 7（6）: 327-338.

[47] Schermann M, Dongus K, Yetton P, et al. The role of transaction cost economics in information technology outsourcing research: a meta-analysis of the choice of contract type[J]. Journal of Strategic Information Systems, 2016, 25（1）: 32-48.

[48] Cheng S, Tongzon J. Logistics outsourcing, contract complexity and performance of Australian exporters[J]. Oxford Journal an International Journal of Business & Economics, 2014, 7（1）: 42-49.

[49] Gopal A, Koka B R. The asymmetric benefits of relational flexibility: evidence from software development outsourcing[J]. MIS quarterly, 2012, 36（2）: 553-575.

[50] Nunez I, Livanos I. Temps "by choice"? An investigation of the reasons behind temporary employment among young workers in Europe[J]. Journal of Labor Research, 2015, 36（1）: 44-66.

[51] Murakami H. Wage flexibility and economic stability in a non-Walrasian model of economic growth[J]. Structural Change and Economic Dynamics, 2015, 32: 25-41.

[52] Kryvtsov O, Vincent N. On the importance of sales for aggregate price flexibility[R]. Bank of Canada Working Paper, 2014.

[53] Cai W, Abdel-Malek L, Hoseini B, et al. Impact of flexible contracts on the performance of both retailer and supplier[J]. International Journal of Production Economics, 2015, 170: 429-444.

[54] Sarkis J, Meade L M, Presley A R. Incorporating sustainability into contractor evaluation and team formation in the built environment[J]. Journal of Cleaner Production, 2012, 31（12）: 40-53.

[55] Gładysz B, Skorupka D, Kuchta D, et al. Project risk time management-a proposed model and a case study in the construction industry[J]. Procedia Computer Science, 2015, 64: 24-31.

[56] Solís-Carcaño R G, Corona-Suárez G A, García-Ibarra A J. The use of project time management processes and the schedule performance of construction projects in Mexico[J]. Journal of Construction Engineering, 2015, （1）: 1-9.

[57] Salmela S T, Syrjänen A L. Boundaries between participants in outsourced requirements construction[C]//Scandinavian Conference on Information Systems, Finland: University of Oulu, 2010: 65-78.

[58] Lu P, Guo S, Qian L, et al. The effectiveness of contractual and relational governances in construction projects in China[J]. International Journal of Project Management, 2015, 33（1）: 212-222.

[59] Lee J, Lee Y, Kim J. Assessing the risks of asian development projects: a theoretical framework and empirical findings[J]. Journal of Asian Architecture & Building Engineering, 2013, 12（1）: 25-32.

[60] Russell M M, Howell G, Hsiang S M, et al. Application of time buffers to construction project task durations[J]. Journal of Construction Engineering & Management, 2013, 139（10）: 8-10.

[61] Yan W Z, Chen P. Based on the system dynamics construction phase of the project cost control study[J]. Applied Mechanics & Materials, 2014, 501-504: 2691-2694.

[62] Reyes J P, San-José J T, Cuadrado J, et al. Health & safety criteria for determining the sustainable value of construction projects[J]. Safety Science, 2014, 62: 221-232.

[63] 傅春燕, 贺昌政. 工程建设项目中业主为主导的委托代理研究[J]. 经济体制改革, 2009, （6）: 177-180.

[64] 曹吉鸣, 申良法, 彭为, 等. 风险链视角下建设项目进度风险评估[J]. 同济大学学报（自然科学版）, 2015, 43（3）: 468-474.

[65] 柯任泰展, 陈建成. 公益性建设项目的 PPP 投融资模式创新研究——以河南省水生态文明项目为例[J]. 中国软科学, 2016, （10）: 175-183.

[66] 周辉芳. "一带一路"沿线国家工程承包项目融资实务浅析[J]. 财务与会计, 2016, （2）: 65-66.

[67] 李晓东. 基于 AHP 法的公共项目 PPP 模式选择[J]. 企业经济, 2010, （11）: 148-150.

[68] 朱振, 王行鹏. 公私伙伴关系框架下的公共项目投资模式分析[J]. 投资研究, 2009, （2）: 57-60.

[69] 严玲, 李志钦, 邓娇娇. 公共建设项目中合同策略及其关系行为测量研究[J]. 科技进步与对策, 2016, 33（16）: 39-46.

[70] 杜亚灵，尹航. 工程项目中社会资本对合理风险分担的影响研究[J]. 管理工程学报，2015，29（1）：135-142.

[71] 王榴，陈建明. 基于委托代理模型的建筑工程激励合同机制研究[J]. 工程管理学报，2014，28（1）：98-102.

[72] 侯景亮. 心理契约对目标绩效的影响研究：以工作满意和努力为中介变量[J]. 管理评论，2011，23（8）：731-740.

[73] 陈帆，王孟钧. 基于关系契约的 PPP 项目业主与承包商合作机制研究[J]. 项目管理技术，2010，8（5）：19-23.

[74] Smets L P M, Oorschot K E V, Langerak F. Don't trust trust：a dynamic approach to controlling supplier involvement in new product development[J]. Journal of Product Innovation Management，2013，30（6）：1145-1158.

[75] Holm D B, Eriksson K, Johanson J. Creating value through mutual commitment to business network relationships[J]. Strategic Management Journal，2015，20（5）：467-486.

[76] Fink M, Kessler A. Cooperation，trust and performance-empirical results from three countries[J]. British Journal of Management，2010，21（2）：469-483.

[77] van Beers C, Zand F. R&D cooperation, partner diversity, and innovation performance：an empirical analysis[J]. Journal of Product Innovation Management，2014，31（2）：292-312.

[78] Jiang X, Li M, Gao S, et al. Managing knowledge leakage in strategic alliances：the effects of trust and formal contracts[J]. Industrial Marketing Management，2013，42（6）：983-991.

[79] Park B J, Srivastava M K, Gnyawali D R. Walking the tight rope of coopetition：impact of competition and cooperation intensities and balance on firm innovation performance[J]. Industrial Marketing Management，2014，43（2）：210-221.

[80] Wu J. Cooperation with competitors and product innovation：moderating effects of technological capability and alliances with universities[J]. Industrial Marketing Management，2014，43（2）：199-209.

[81] Lavikka R H, Smeds R, Jaatinen M. Coordinating collaboration in contractually different complex construction projects[J]. Supply Chain Management，2015，20（2）：205-217.

[82] Shee H. Sustainable distribution through coopetition strategy[J]. International Journal of Logistics，2014，18（5）：1-18.

[83] 王启亮，虞红霞. 协同创新中组织声誉与组织间知识分享——环境动态性的调节作用研究[J]. 科学学研究，2016，34（3）：425-432.

[84] 庄越，潘鹏. 团队嵌入关系治理的调节效应：合作创新实证[J]. 科研管理，2016，37（4）：27-35.

[85] 王恒，赵峥，康凌翔. 组织间关系研究进展及我国跨组织合作有效生成机制构建[J]. 商业研究，2013，（11）：99-107.

[86] 谢永平，孙永磊，张浩淼. 资源依赖、关系治理与技术创新网络企业核心影响力形成[J]. 管理评论，2014，26（8）：117-126.

[87] 沈晓宽，赵晶，江毅. 在线合作能力建立过程的实证研究——正式化合作治理视角[J]. 管理评论，2013，25（11）：144-155.

[88] 邹晓东，王凯. 区域创新生态系统情境下的产学知识协同创新：现实问题、理论背景与研究议题[J]. 浙江大学学报（人文社会科学版），2016，（6）：5-18.

[89] 薛萌，胡海青，张琅，等. 网络能力差异视角下供应链伙伴特性对供应链融资的影响——关系资本的中介作用[J]. 管理评论，2018，30（6）：238-250.

[90] 张梦. 非营利组织与企业合作的风险及防范研究[D]. 西南交通大学硕士学位论文，2014.

[91] 吴悦，顾新，涂振洲. 基于知识流动的产学研协同创新协同关系的形成过程研究[J]. 图书馆学研究，2015，（23）：87-93.

[92] 王延锋. 项目导向型供应链跨组织知识流与项目价值增值的作用机理[D]. 江西财经大学硕士学位论文，2016.

[93] 李敏，王志强，赵先德. 供应商关系管理对知识整合与企业创新的影响——共同认知的中介作用[J]. 科学学与科学技术管理，2017，38（8）：85-96.

[94] 严玲，丁乾星，严敏. 建设项目合同柔性研究：述评与展望[J]. 建筑经济，2015，36（8）：31-36.

[95] 蒋媛媛，李雪增. 不完全契约理论的脉络发展研究[J]. 新疆师范大学学报（哲学社会科学版），2014，（2）：106-111.

[96] 聂辉华. 契约理论的起源、发展和分歧[J]. 经济社会体制比较，2017，（1）：1-13.

[97] 米运生，郑秀娟，何柳妮. 不完全契约自我履约机制研究综述[J]. 商业研究，2015，61（11）：81-88.

[98] 贾迪. 工程项目合同复杂性对承包商合作行为的影响——合同公平性的调节作用[D]. 天津大学硕士学位论文，2015.

[99] 杨宏力. 本杰明·克莱因不完全契约理论研究[M]. 北京：经济科学出版社，2014.

[100] Tirole J. Incomplete contracts：where do we stand？[J]. Econometrica，2010，67（4）：741-781.

[101] 刘清海. 不完全契约、敲竹杠与投资激励：一个文献综述[J]. 贵阳学院学报（社会科学版），2014，9（2）：107-114.

[102] Mouzas S，Blois K. Contract research today：where do we stand？[J]. Industrial Marketing Management，2013，42（7）：1057-1062.

[103] 杨瑞龙，聂辉华. 不完全契约理论：一个综述[J]. 经济研究，2006，（2）：104-115.

[104] Neeman Z，Pavlov G. Ex post renegotiation-proof mechanism design[J]. Journal of Economic Theory，2013，148（2）：473-501.

[105] Legros P, Newman A F. Contracts, ownership, and industrial organization: past and future[J]. The Journal of Law, Economics & Organization, 2014, 30（S1）: 82-117.

[106] 弗鲁博顿 E, 芮切特 R. 新制度经济学：一个交易费用分析范式[M]. 姜建强, 罗长远译. 上海：格致出版社, 2015.

[107] 王萌. 关系型契约治理研究[D]. 浙江大学博士学位论文, 2011.

[108] Williamson O E. The economic institutions of capitalism: firms, markets, relational contracting[J]. Journal of Economic Issues, 1985, 32（4）: 61-75.

[109] Bernstein L. Beyond relational contracts: social capital and network governance in procurement contracts[J]. Journal of Legal Analysis, 2015, 7（2）: 561-621.

[110] Campbell D. Good faith and the ubiquity of the 'relational' contract[J]. The Modern Law Review, 2014, 77（3）: 475-492.

[111] Sumo R, van der Valk W, van Weele A, et al. How incomplete contracts foster innovation in inter-organizational relationships[J]. European Management Review, 2016, 13（3）: 179-192.

[112] Macneil I R. The many futures of contracts[J]. Southern California Law Review, 1974, 47: 691-816.

[113] Baker G, Gibbons R, Murphy K J. Relational contracts and the theory of the firm[J]. Quarterly Journal of Economics, 2002, 117（1）: 39-84.

[114] 陈灿. 当前国外关系契约研究浅析[J]. 外国经济与管理, 2004, 26（12）: 10-14.

[115] Zhang C, Cavusgil S T, Roath A S. Manufacturer governance of foreign distributor relationships: do relational norms enhance competitiveness in the export market? [J]. Journal of International Business Studies, 2003, 34（6）: 550-566.

[116] Adler P S. Market, hierarchy, and trust: the knowledge economy and the future of capitalism[J]. Organization Science, 2001, 12（12）: 99-246.

[117] Ring P S, van de ven A H. Structuring cooperative relationships between organizations[J]. Strategic Management Journal, 2010, 13（7）: 483-498.

[118] 孙元欣, 于茂荐. 关系契约理论研究述评[J]. 学术交流, 2010, （8）: 117-123.

[119] Claro D P, Hagelaar G, Omta O. The determinants of relational governance and performance: how to manage business relationships? [J]. Industrial Marketing Management, 2003, 32（8）: 703-716.

[120] 邓春平, 毛基业. 关系契约治理与外包合作绩效——对日离岸软件外包项目的实证研究[J]. 南开管理评论, 2008, 11（4）: 25-33.

[121] Mustakallio M, Autio E, Zahra S A. Relational and contractual governance in family firms: effects on strategic decision making[J]. Family Business Review, 2010, 15（3）: 205-222.

[122] 刘小浪，刘善仕，王红丽. 关系如何发挥组织理性——本土企业差异化人力资源管理构型的跨案例研究[J]. 南开管理评论，2016，19（2）：124-136.

[123] Tlaiss H A，Elamin A M. Exploring organizational trust and organizational justice among junior and middle managers in Saudi Arabia[J]. Journal of Management Development，2015，34（9）：1042-1060.

[124] 钟苑婷. 布劳社会交换理论与科尔曼理性行动理论比较分析[J]. 法制与社会，2017，（35）：229-230.

[125] 李静. 员工-组织关系对员工创新绩效的影响：社会交换理论视角[D]. 天津财经大学硕士学位论文，2016.

[126] Wu J B，Hom P W，Tetrick L E，et al. The norm of reciprocity：scale development and validation in the Chinese context[J]. Management & Organization Review，2010，2（3）：377-402.

[127] Cropanzano R，Anthony E L，Daniels S R，et al. Social exchange theory：a critical review with theoretical remedies[J]. Academy of Management Annals，2017，11（1）：479-516.

[128] Ghang W，Nowak M A. Indirect reciprocity with optional interactions[J]. Journal of Theoretical Biology，2015，365：1-11.

[129] Erdogan B，Bauer T N. Leader-member exchange（LMX）theory：the relational approach to leadership[C]//The Oxford Handbook of Leadership and Organizations，2014：407.

[130] 袁泉. 工程供应链合作伙伴间合作行为及对绩效的影响[D]. 重庆交通大学硕士学位论文，2015.

[131] Mandelbaum M，Buzacott J. Flexibility and decision making[J]. European Journal of Operational Research，1990，44（1）：17-27.

[132] Müller R，Turner J R. The impact of principal-agent relationship and contract type on communication between project owner and manager[J]. International Journal of Project Management，2005，23（5）：398-403.

[133] 娄黎星. 项目合同柔性：概念、前因及影响结果[J]. 项目管理技术，2016，14（3）：7-12.

[134] 杜亚灵，李会玲，闫鹏，等. 初始信任、柔性合同和工程项目管理绩效：一个中介传导模型的实证分析[J]. 管理评论，2015，27（7）：187-198.

[135] Moon S，Choi K H. The effect of supply-contract flexibility on the buyer's logistics performance-focused on the Korea defense acquisition program administration[J]. Korean Journal of Logistics，2009，17（1）：113-128.

[136] Tadelis S. Public procurement design：lessons from the private sector[J]. International Journal of Industrial Organization，2012，30（3）：297-302.

[137] Laan A, Voordijk H, Dewulf G. Reducing opportunistic behaviour through a project alliance[J]. International Journal of Managing Projects in Business, 2011, 4（4）: 660-679.

[138] 杜亚灵, 闫鹏, 尹贻林, 等. 初始信任对工程项目管理绩效的影响研究: 合同柔性、合同刚性的中介作用[J]. 预测, 2014, （5）: 23-29.

[139] 柯洪, 刘秀娜. 工程合同柔性的本质及不同范本下的条款比较[J]. 工程管理学报, 2014, （5）: 32-36.

[140] Chiara N, Kokkaew N. Risk analysis of contractual flexibility in BOT negotiations: a quantitative approach using risk flexibility theory[J]. International Journal of Engineering and Management, 2009, 1（1）: 71-79.

[141] Levin J, Tadelis S. Contracting for government services: theory and evidence from U.S. cities[J]. Journal of Industrial Economics, 2010, 58（3）: 507-541.

[142] Bettignies J E D, Ross T W. Public-private partnerships and the privatization of financing: an incomplete contracts approach[J]. International Journal of Industrial Organization, 2009, 27（3）: 358-368.

[143] Baeza M D L Á, Vassallo J M. Private concession contracts for toll roads in Spain: analysis and recommendations[J]. Public Money & Management, 2010, 30（5）: 299-304.

[144] Aibinu A A, Ofori G, Ling F Y Y. Explaining cooperative behavior in building and civil engineering projects' claims process: interactive effects of outcome favorability and procedural fairness[J]. Journal of Construction Engineering & Management, 2008, 134（9）: 681-691.

[145] 张小华. 合作行为研究综述[J]. 经济论坛, 2014, （5）: 137-139.

[146] 朱庆玲. 工程项目承包商公平感和合作行为间关系研究[D]. 天津大学硕士学位论文, 2017.

[147] Luo Y. Contract, cooperation, and performance in international joint ventures[J]. Strategic Management Journal, 2002, 23（10）: 903-919.

[148] Wagner J A. Studies of individualism-collectivism: effects on cooperation in groups[J]. Academy of Management Journal, 1995, 38（1）: 152-172.

[149] Nowak M A. Five rules for the evolution of cooperation[J]. Science, 2006, 314（5805）: 1560-1563.

[150] Zhang S B, Zhang S J, Gao Y, et al. Contractual governance: effects of risk allocation on contractors' cooperative behavior in construction projects[J]. Journal of Construction Engineering & Management, 2016, 142（6）: 04016005.

[151] Arslan B. The interplay of competitive and cooperative behavior and differential benefits in alliances[J]. Strategic Management Journal, 2018, 39（12）: 3222-3246.

[152] Yu S-H, Chen M-Y. Performance impacts of interorganizational cooperation: a transaction cost perspective[J]. The Service Industries Journal, 2013, 33（13/14）: 1223-1241.

[153] Pearce R J. Looking inside the joint venture to help understand the link between inter-parent cooperation and performance[J]. Journal of Management Studies，2010，38（4）：557-582.

[154] Fu Y，Chen Y，Zhang S，et al. Promoting cooperation in construction projects：an integrated approach of contractual incentive and trust[J]. Construction Management and Economics，2015，33（8）：653-670.

[155] Srinivasan R，Brush T H. Supplier performance in vertical alliances：the effects of self-enforcing agreements and enforceable contracts[J]. Organization Science，2006，17（4）：436-452.

[156] Assaf S A，Al-Hejji S. Causes of delay in large construction projects[J]. International Journal of Project Management，2006，24（4）：349-357.

[157] Quanji Z，Zhang S，Wang Y. Contractual governance effects on cooperation in construction projects：multifunctional approach[J]. Journal of Professional Issues in Engineering Education & Practice，2016，143（3）：1-12.

[158] Liu Y，Huang Y，Luo Y，et al. How does justice matter in achieving buyer-supplier relationship performance？[J]. Journal of Operations Management，2012，30（5）：355-367.

[159] Lim B T H，Loosemore M. The effect of inter-organizational justice perceptions on organizational citizenship behaviors in construction projects[J]. International Journal of Project Management，2017，35（2）：95-106.

[160] Luo Y. Procedural fairness and interfirm cooperation in strategic alliances[J]. Strategic Management Journal，2008，29（1）：27-46.

[161] 李丹，杨建君. 关系状态、信任、创新模式与合作创新绩效[J]. 科研管理，2018，39（6）：103-111.

[162] Li H，Cheng E W L，Love P E D，et al. Co-operative benchmarking：a tool for partnering excellence in construction[J]. International Journal of Project Management，2012，19（3）：171-179.

[163] Kadefors A. Trust in project relationships—inside the black box[J]. International Journal of Project Management，2004，22（3）：175-182.

[164] Cheung S O，Wei K W，Yiu T W，et al. Developing a trust inventory for construction contracting[J]. International Journal of Project Management，2011，29（2）：184-196.

[165] Meng X. The effect of relationship management on project performance in construction[J]. International Journal of Project Management，2012，30（2）：188-198.

[166] 李东红，李蕾. 组织间信任理论研究回顾与展望[J]. 经济管理，2009，（4）：173-177.

[167] 林舒进，庄贵军，黄缘缘. 关系质量、信息分享与企业间合作行为：IT 能力的调节作用[J]. 系统工程理论与实践，2018，38（3）：643-654.

[168] 芮正云，罗瑾琏. 捆绑还是协同：创新联盟粘性对企业间合作绩效的影响——表达型与工具型关系契约的作用差异视角[J]. 系统管理学报，2019，28（1）：1-9.

[169] Suprapto M，Bakker H L，Mooi H G，et al. Sorting out the essence of owner-contractor collaboration in capital project delivery[J]. International Journal of Project Management，2015，33（3）：664-683.

[170] 王永丽，卢海陵，杨娜，等. 基于资源分配观和补偿理论的组织公平感研究[J]. 管理学报，2018，15（6）：837-846.

[171] Husted B W，Folger R. Fairness and transaction costs：the contribution of organizational justice theory to an integrative model of economic organization[J]. Organization Science，2004，15（6）：719-729.

[172] Zhang Z，Jia M. Procedural fairness and cooperation in public-private partnerships in China[J]. Journal of Managerial Psychology，2010，25（5）：513-538.

[173] Huo B，Wang Z，Tian Y. The impact of justice on collaborative and opportunistic behaviors in supply chain relationships[J]. International Journal of Production Economics，2016，177：12-23.

[174] Poppo L，Zhou K Z. Managing contracts for fairness in buyer supplier exchanges[J]. Strategic Management Journal，2014，35（10）：1508-1527.

[175] Loosemore M，Lim B T-H，Thomson D，et al. Intra-organisational injustice in the construction industry[J]. Engineering，Construction and Architectural Management，2016，23（4）：428-447.

[176] Konovsky M A. Understanding procedural justice and its impact on business organizations[J]. Journal of Management，2016，26（3）：489-511.

[177] Lazzarini S G，Miller G J，Zenger T R. Order with some law：complementarity versus substitution of formal and informal arrangements[J]. Journal of Law Economics & Organization，2004，20（2）：261-298.

[178] Colquitt J A，Conlon D E，Wesson M J，et al. Justice at the millennium：a meta-analytic review of 25 years of organizational justice research[J]. Journal of Applied Psychology，2001，86（3）：425-445.

[179] Aibinu A A，Ling F Y Y，Ofori G. Structural equation modelling of organizational justice and cooperative behaviour in the construction project claims process：contractors' perspectives[J]. Construction Management & Economics，2011，29（5）：463-481.

[180] Luo Y. The independent and interactive roles of procedural, distributive, and interactional justice in strategic alliances[J]. Academy of Management Journal，2007，50（3）：644-664.

[181] 杜亚灵，李会玲，柯洪. 工程项目中业主初始信任对合作的影响研究：承包商公平感知的中介作用[J]. 管理学报，2014，11（10）：1542-1551.

[182] 杜亚灵，孙娜，柯丹. PPP项目中私人部门公平感知量表的开发与验证[J]. 重庆大学学报（社会科学版），2017，23（3）：52-62.

[183] Yilmaz C，Sezen B，Kabadayı E T. Supplier fairness as a mediating factor in the supplier performance reseller satisfaction relationship[J]. Journal of Business Research，2004，57（8）：854-863.

[184] Faems D，Janssens M，Madhok A，et al. Toward an integrative perspective on alliance governance：connecting contract design，trust dynamics，and contract application[J]. Academy of Management Journal，2008，51（6）：1053-1078.

[185] Luo Y. Are we on the same page? Justice agreement in international joint ventures[J]. Journal of World Business，2009，44（4）：383-396.

[186] Pikilidou M I，Befani C D，Sarafidis P A，et al. Offshoring and cross-border interorganizational relationships：a justice model[J]. Decision Sciences，2010，39（3）：445-468.

[187] 史会斌，吴金希. 联盟中组织公平反应行为变化的实证研究——基于市场地位与制度环境共同作用下[J]. 工业技术经济，2013，（8）：58-67.

[188] 高展军，王龙伟. 联盟契约对知识整合的影响研究——基于公平感知的分析[J]. 科学学与科学技术管理，2013，（7）：95-103.

[189] 高展军. 依赖不对称渠道中影响战略对公平感知的影响[J]. 华东经济管理，2013，（4）：168-172.

[190] 马方园. 公平感知和效率感知对供应链合作关系稳定性的影响研究[D]. 吉林大学硕士学位论文，2012.

[191] Guh W Y，Lin S P，Fan C J，et al. Effects of organizational justice on organizational citizenship behaviors：mediating effects of institutional trust and affective commitment[J]. Psychological Reports，2013，112（3）：818-834.

[192] 刘威志，李娟，张迪，等. 公平感对供应链成员定价决策影响的研究[J]. 管理科学学报，2017，20（7）：115-126.

[193] Brown J R，Cobb A T，Lusch R F. The roles played by interorganizational contracts and justice in marketing channel relationships[J]. Journal of Business Research，2006，59（2）：166-175.

[194] 李智. 公平感对工程争端谈判中合作行为的影响[D]. 天津大学硕士学位论文，2016.

[195] 孙娜. 私人部门公平感知对PPP项目履约绩效影响的实验研究：项目获取途径的调节作用[D]. 天津理工大学硕士学位论文，2017.

[196] Barney J B，Hansen M H. Trustworthiness as a source of competitive advantage[J]. Strategic Management Journal，1994，15（S1）：175-190.

[197] Das T K, Teng B S. Between trust and control: developing confidence in partner cooperation in alliances[J]. Academy of Management Review, 1998, 23（3）: 491-512.

[198] Lee J N, Choi B. Effects of initial and ongoing trust in IT outsourcing: a bilateral perspective[J]. Information & Management, 2011, 48（2）: 96-105.

[199] Ba S. Establishing online trust through a community responsibility system[J]. Decision Support Systems, 2001, 31（3）: 323-336.

[200] 杜亚灵, 闫鹏. PPP 项目中初始信任形成机理的实证研究[J]. 土木工程学报, 2014, 47（4）: 115-124.

[201] Lee J N, Huynh M Q, Hirschheim R. An integrative model of trust on IT outsourcing: examining a bilateral perspective[J]. Information Systems Frontiers, 2008, 10（2）: 145-163.

[202] Khalfan M M A, Mcdermott P, Swan W. Building trust in construction projects[J]. Supply Chain Management, 2007, 12（6）: 385-391.

[203] Pinto J K, Slevin D P, English B. Trust in projects: an empirical assessment of owner/contractor relationships[J]. International Journal of Project Management, 2009, 27（6）: 638-648.

[204] 骆亚卓. 业主与承包商初始信任及前因研究[J]. 广州大学学报（社会科学版）, 2017, 16（6）: 76-82.

[205] 蒋卫平, 张谦, 乐云. 基于业主方视角的工程项目中信任的产生与影响[J]. 工程管理学报, 2011, 25（2）: 177-181.

[206] 杨玲, 帅传敏. 工程项目中企业间信任维度分析[J]. 建筑经济, 2011,（11）: 70-75.

[207] Woolthuis R K. The institutional arrangements of innovation: antecedents and performance effects of trust in high-tech alliances[J]. Industry & Innovation, 2008, 15（1）: 45-67.

[208] Hartman F T. Ten commandments of better contracting: a practical guide to adding value to an enterprise through more effective SMART contracting[Z]. Reston Va American Society of Civil Engineers, 2015.

[209] 施绍华. 业主与承包商信任关系建立及影响因素研究[D]. 华北电力大学硕士学位论文, 2013.

[210] 吴迪, 简迎辉, 于洋. PPP 项目组织间信任的影响因素研究[J]. 武汉理工大学学报（信息与管理工程版）, 2016, 38（6）: 750-754.

[211] Zaghloul R, Hartman F. Construction contracts: the cost of mistrust[J]. International Journal of Project Management, 2003, 21（6）: 419-424.

[212] Pei X D. Influencing factors of partnership formation in construction industry[J]. Applied Mechanics & Materials, 2011, 71-78: 556-559.

[213] 王垚，尹贻林. 工程项目信任、风险分担及项目管理绩效影响关系实证研究[J]. 软科学，2014，28（5）：101-104.

[214] 乐云，苏月，江敏. 以信任为中介的建设项目组织文化与组织效能的影响机制研究[J]. 工程管理学报，2014，（5）：143-147.

[215] 李国军. 企业家创业精神的结构和效应机制：人与创业匹配的视角[D]. 浙江大学博士学位论文，2007.

[216] 贾旭东，谭新辉. 经典扎根理论及其精神对中国管理研究的现实价值[J]. 管理学报，2010，7（5）：656-665.

[217] Morse J M，Stern P N，Corbin J，et al. Developing Grounded Theory：The Second Generation[M]. New York：Routledge，2016.

[218] Thiry M. Sensemaking in value management practice[J]. International Journal of Project Management，2001，19（2）：71-77.

[219] Dessein W. Incomplete contracts and firm boundaries：new directions[J]. CEPR Discussion Papers，2012，30（1）：13-36.

[220] Nightingale P，Brady T. Projects，paradigms and predictability[J]. Advances in Strategic Management，2011，28（28）：83-112.

[221] Nitzl C. Partial least squares structural equation modelling（PLS-SEM）in management accounting research：directions for future theory development[J]. Journal of Accounting Literature，2016，37：19-35.

[222] Rajalahti T，Kvalheim O M. Multivariate data analysis in pharmaceutics：a tutorial review[J]. International Journal Pharmaceutics，2011，417（1/2）：280-290.

[223] de Carvalho J，Chima F O. Applications of structural equation modeling in social sciences research[J]. American International Journal of Contemporary Research，2014，4（1）：6-11.

[224] Bresnen M J. Construction contracting in theory and practice：a case study[J]. Construction Management & Economics，1991，9（3）：247-262.

[225] Agarwal U A. Linking justice，trust and innovative work behaviour to work engagement[J]. Personnel Review，2014，43（1）：41-73.

[226] Schoenherr T，Narayanan S，Narasimhan R. Trust formation in outsourcing relationships：a social exchange theoretic perspective[J]. International Journal of Production Economics，2015，169：401-412.

[227] 张水波，陈俊颖，胡振宇. 工程合同对承包方合作行为的影响研究：信任的中介作用[J]. 工程管理学报，2015，（4）：6-11.

[228] Manu E，Ankrah N，Chinyio E，et al. Trust influencing factors in main contractor and subcontractor relationships during projects[J]. International Journal of Project Management，2015，33（7）：1495-1508.

[229] Wang L, Yeung J H Y, Zhang M. The impact of trust and contract on innovation performance: the moderating role of environmental uncertainty[J]. International Journal of Production Economics, 2011, 134（1）: 114-122.

[230] Barthélemy J, Quélin B V. Complexity of outsourcing contracts and ex post transaction costs: an empirical investigation[J]. Journal of Management Studies, 2010, 43（8）: 1775-1797.

[231] Weber L, Mayer K J, Macher J T. An analysis of extendibility and early termination provisions: the importance of framing duration safeguards[J]. Academy of Management Journal, 2011, 54（1）: 182-202.

[232] Argyres N S, Bercovitz J, Mayer K J. Complementarity and evolution of contractual provisions: an empirical sudy of IT services contracts[J]. Organization Science, 2007, 18（1）: 3-19.

[233] Huo B, Ye Y, Zhao X. The impacts of trust and contracts on opportunism in the 3PL industry: the moderating role of demand uncertainty[J]. International Journal of Production Economics, 2015, 170: 160-170.

[234] Wang Y, Chen Y, Fu Y, et al. Do prior interactions breed cooperation in construction projects? The mediating role of contracts[J]. International Journal of Project Management, 2017, 35（4）: 633-646.

[235] Wu G, Zhao X, Zuo J, et al. Effects of contractual flexibility on conflict and project success in megaprojects[J]. International Journal of Conflict Management, 2017, 29（2）: 253-278.

[236] Cheung S O. Relational contracting for construction excellence: principles, practices and case studies[J]. Construction Management & Economics, 2009, 28（7）: 805-806.

[237] Turner J R. Farsighted project contract management: incomplete in its entirety[J]. Construction Management & Economics, 2004, 22（1）: 75-83.

[238] Huber T L, Fischer T A, Dibbern J, et al. A process model of complementarity and substitution of contractual and relational governance in IS outsourcing[J]. Journal of Management Information Systems, 2013, 30（3）: 81-114.

[239] Fehr E, Schmidt K M. Fairness and incentives in a multi-task principal-agent model[J]. Scandinavian Journal of Economics, 2004, 106（3）: 453-474.

[240] Griffith D A, Harvey M G, Lusch R F. Social exchange in supply chain relationships: the resulting benefits of procedural and distributive justice[J]. Journal of Operations Management, 2006, 24（2）: 85-98.

[241] Franke N, Keinz P, Klausberger K. "Does this sound like a fair deal? ": antecedents and consequences of fairness expectations in the individual's decision to participate in firm innovation[J]. Organization Science, 2013, 24（5）: 1495-1516.

[242] Namkung Y, Jang S C. The effects of interactional fairness on satisfaction and behavioral intentions: mature versus non-mature customers[J]. International Journal of Hospitality Management, 2009, 28（3）: 397-405.

[243] Anvuur A M, Kumaraswamy M M. Measurement and antecedents of cooperation in construction[J]. Journal of Construction Engineering & Management, 2012, 138（7）: 797-810.

[244] Zwikael O, Smyrk J. Project governance: balancing control and trust in dealing with risk[J]. International Journal of Project Management, 2015, 33（4）: 852-862.

[245] Hillebrand B, Woolthuis R K, Nooteboom B. Trust, contract and relationship development[J]. Organization Studies, 2005, 26（6）: 813-840.

[246] Mayer K J, Argyres N S. Learning to contract: evidence from the personal computer industry[J]. Organization Science, 2004, 15（4）: 394-410.

[247] Dyer J H, Chu W J. The determinants of trust in supplier-automaker relationships in the U.S., Japan and Korea[J]. Journal of International Business Studies, 2011, 42（1）: 10-27.

[248] Chow P T, Cheung S O, Chan K Y. Trust building in construction contracting[J]. International Journal of Project Management, 2012, 30（8）: 927-937.

[249] Goo J, Kishore R, Rao H R, et al. The role of service level agreements in relational management of information technology outsourcing: an empirical study[J]. MIS Quarterly, 2009, 33（1）: 119-145.

[250] Ndubisi N O, Khoo-Lattimore C, Yang L, et al. The antecedents of relationship quality in Malaysia and New Zealand[J]. International Journal of Quality & Reliability Management, 2011, 28（2）: 233-248.

[251] Wong P S P, Cheung S O. Structural equation model of trust and partnering success[J]. Journal of Management in Engineering, 2005, 21（2）: 70-80.

[252] Gulati R. Does familiarity breed trust? The implications of repeated ties for contractual choice in alliances[J]. Academy of Management Journal, 1995, 38（1）: 85-112.

[253] Paulraj A, Lado A A, Chen I J. Inter-organizational communication as a relational competency: antecedents and performance outcomes in collaborative buyer supplier relationships[J]. Journal of Operations Management, 2008, 26（1）: 45-64.

[254] Frazier M L, Johnson P D, Gavin M, et al. Organizational justice, trustworthiness, and trust: a multifoci examination[J]. Group & Organization Management, 2010, 35（1）: 39-76.

[255] Wong Y. Job security and justice: predicting employees' trust in Chinese international joint ventures[J]. International Journal of Human Resource Management, 2012, 23（19）: 4129-4144.

[256] 武志伟，陈莹. 关系公平性、企业间信任与合作绩效——基于中国企业的实证研究[J]. 科学学与科学技术管理，2010，31（11）：143-149.

[257] Rousseau D M，Sitkin S B，Burt R S，et al. Not so different after all：a cross-discipline view of trust[J]. Academy of Management Review，1998，23（3）：393-404.

[258] Mackenzie S B，Podsakoff P M. Common method bias in marketing：causes，mechanisms，and procedural remedies[J]. Journal of Retailing，2012，88（4）：542-555.

[259] 吴明隆. 结构方程模型：AMOS 的操作与应用[M]. 重庆：重庆大学出版社，2010.

[260] 陈瑞，郑毓煌，刘文静. 中介效应分析：原理、程序、Bootstrap 方法及其应用[J]. 营销科学学报，2013，9（4）：120-135.

[261] Hair J F，Black W C，Babin B J，et al. Multivariate data analysis[J]. Technometrics，2012，15（3）：648-650.

[262] 侯杰泰，温忠麟，成子娟. 结构方程模型及其应用[M]. 北京：经济科学出版社，2004.

[263] Bartling B，Schmidt K M. Reference points，social norms，and fairness in contract renegotiations[J]. Journal of the European Economic Association，2015，13（1）：98-129.

附录 A 工程项目契约柔性量表开发 开放式访谈提纲

一、基本信息

企业名称：_____   职位：_____

项目经验：_____（年）   其他：_____

二、题项

请以近期您已参与或正在参与的项目_____为实例，回答下列问题。请依据您的经验或感受进行作答，答案无关正确与否，仅用于学术研究。

1. 该项目采用的承发包模式是什么（如总包、设计分包、施工分包等）？所签订的项目合同类型是什么（如固定/可调总价合同、单价合同、成本加酬金等）？

2. 您认为如何设计合同才能够有效应对未来的风险或不确定性？请举例说明（如价格调整设计、奖惩规则、变更、争议解决、再谈判等）。

3. 您认为一个好的合同应当是什么样子，或应当有哪些特点？

4. 在项目实施中，合同条款的变更或再谈判一般涉及哪些内容、方面或问题？请举例说明。

5. 您认为，与首次合作的业主相比，有过多次合作经验的业主会为合同的签订、履行或变更提供哪些支持或便利？请说明原因。

6. 您认为什么样的项目合同条款是具有柔性的？请举例说明。

附录 B 工程项目契约柔性量表开发预/正式调研问卷

尊敬的女士/先生:

您好!

本调研问卷的目的在于了解工程项目契约柔性维度结构,以探究工程项目契约的属性特征。本研究若没有您的鼎力相助,将无法顺利完成。有劳您百忙之中抽出 15~20 分钟的时间,填写本问卷。

问卷的答案没有"对"与"错"之分,只要照您个人的真实看法作答即可。您所填答的资料仅供统计分析及学术研究之用,最后的研究结果不会反映出个人或公司的具体信息。

再次感谢您的积极支持!

一、基本概念描述

工程项目契约柔性:承包方能够在合同签订及执行过程中,依据合同规定或在预留空间内,经济、快速响应项目不确定性的积极动态适应、灵活调整的能力。

二、样本信息

1. 性别:_____

（a）男 　　　　　　　　　　　（b）女

2. 年龄:_____

（a）30 岁（含 30 岁）以下 　　（b）30~35 岁（含 35 岁）

（c）35~40 岁（含 40 岁） 　　　（d）40 岁以上

　　3. 学历：_____
　　（a）大专及以下　　　　　　　（b）本科
　　（c）研究生　　　　　　　　　（d）研究生以上
　　4. 职位：_____
　　（a）企业高管　　　　　　　　（b）职能部门（副）经理
　　（c）职能部门员工　　　　　　（d）项目经理
　　（e）项目团队成员　　　　　　（f）其他_____
　　5. 项目类型：_____
　　6. 工作年限：_____
　　（a）2 年及以下　　　　　　　（b）3~5 年
　　（c）6~10 年　　　　　　　　（d）11 年及以上
　　7. 作为项目经理或成员，参与过的项目数量：_____
　　（a）2 个及以下　　　　　　　（b）3~5 个
　　（c）6~10 个　　　　　　　　（d）11 个及以上

三、工程项目契约柔性测量

　　请您回想近三年内，参与过的项目中给您印象最深的项目，写出项目简称：_____。请您回想该项目签约及履约的全过程，并以此为基础选出最符合您情况或感受的选项（1="非常不符合"，2="不符合"，3="不确定"，4="基本符合"，5="非常符合"）。

题项	得分				
CF_1: 合同条款设置了一定的浮动范围，来应对潜在风险或不确定性事项	1	2	3	4	5
CF_2: 针对潜在风险，合同条款能够提供相应的应对方案	1	2	3	4	5
CF_3: 针对潜在风险或不确定事项，合同条款设置了调整的基本依据或原则	1	2	3	4	5
CF_4: 合同条款基本涵盖了我们所能提前预见的各类情况及相应方案	1	2	3	4	5
CF_5: 合同允许针对某些问题在事后对条款进行补充、调整或完善	1	2	3	4	5
CF_6: 合同条款中的再谈判程序是灵活的	1	2	3	4	5
CF_7: 当面对意外事件时，合同条款允许实施再谈判	1	2	3	4	5
CF_8: 对于前期不能进行清晰说明的内容，我们会在合同中注明，并于事后进行及时完善	1	2	3	4	5
CF_9: 依据合同条款，我们可以较为容易地提出合理变更申请	1	2	3	4	5
CF_{10}: 合同中设计了较为合理、可行且灵活的工程变更程序及制度	1	2	3	4	5
EF_1: 在履约过程中，业主要求严格执行合同条款（R）	1	2	3	4	5
EF_2: 在履约过程中，合同并不是一切	1	2	3	4	5

续表

题项	得分				
EF_3：在履约过程中，业主允许调整不适用的合同条款	1	2	3	4	5
EF_4：针对前期合作不完备的地方，我们会在事后进行及时、经济的协商	1	2	3	4	5
EF_5：在履约过程中，业主也十分重视与我们的合作关系	1	2	3	4	5
EF_6：在履约过程中，业主会根据环境变化灵活调整合作方式与内容	1	2	3	4	5
EF_7：在履约过程中，我们具有一定的风险应对自主管理权力	1	2	3	4	5
EF_8：业主允许我们在一定范围内进行自主决策	1	2	3	4	5

再次感谢您的帮助与配合，祝您工作顺利！

附录 C 案例研究开放式访谈提纲

一、基本信息

企业名称：＿＿＿＿＿＿＿ 职位：＿＿＿＿＿＿＿

项目经验：＿＿＿＿＿＿＿（年） 其他：＿＿＿＿＿＿＿

二、题项

请以近期您已参与或正在参与的项目＿＿＿＿＿＿＿为实例，回答下列问题。请依据您的经验或感受进行作答，答案无关正确与否，仅用于学术研究。

1. 该项目采用的承发包模式是什么（如总包、设计分包、施工分包等）？所签订的项目合同类型是什么（如固定/可调总价合同、单价合同、成本加酬金等）？

2. 请您描述一下该项目契约的签订过程，以及项目合同或协议中的关键或重点条款内容。

3. 在项目实施过程中，发生了哪些对业主-承包方间关系产生重大影响的事件或不确定事项（请列举两个及以上实例）？你们是如何应对这些事件的？项目合同在应对过程中起到了什么样的作用，或扮演了怎样的角色？

4. 在经历上述事件后，你们（承包方）如何评价业主？这种评价在事件前后发生了怎样的变化？

5. 在项目实施过程中，你们（承包方）是如何与业主方开展合作的，或配合业主工作的？业主方是如何评价你们的？

6. 你认为在项目过程中，良好的关系与项目合同分别扮演了什么角色？对项目产生了哪些影响或作用？

7. 通过该项目，你如何评价与业主方的关系？以后是否会愿意继续承接该业主的项目？

附录 D　工程项目契约柔性与承包方合作行为关系调研问卷

尊敬的女士/先生：

您好！

这是一份研究工程项目契约柔性与承包方合作行为关系的调研问卷，目的在于了解契约柔性对合作行为的影响。本研究若没有您的帮助，将无法顺利完成。有劳您百忙之中抽出 15~20 分钟的时间，填写本问卷。

问卷的答案没有"对"与"错"之分，只要按照您个人的真实看法回答即可。您所填答的资料仅供统计分析及学术研究之用，最后的研究结果不会反映出个人或公司的具体信息。

再次感谢您的积极支持！

一、基本信息

1. 性别：＿＿＿＿＿＿＿
（a）男　　　　　　　　　　　　（b）女
2. 年龄：＿＿＿＿＿＿＿
（a）30 岁（含 30 岁）以下　　　　（b）30~35 岁（含 35 岁）
（c）35~40 岁（含 40 岁）　　　　（d）40 岁以上
3. 学历：＿＿＿＿＿＿＿
（a）大专及以下　　　　　　　　（b）本科
（c）研究生　　　　　　　　　　（d）研究生以上
4. 职位：＿＿＿＿＿＿＿
（a）企业高管　　　　　　　　　（b）职能部门（副）经理
（c）职能部门员工　　　　　　　（d）项目经理

（e）项目团队成员   （f）其他_____
5. 工作年限：_____
（a）2 年及以下   （b）3~5 年
（c）6~10 年   （d）11 年及以上
6. 参与过的项目数量：_____
（a）2 个及以下   （b）3~5 个
（c）6~10 个   （d）11 个及以上

二、调研题项

请您回想近三年内，您参与过的、给您印象最深的项目。请您回想该项目签约及履约的全过程，并以此为基础选出最符合您情况或感受的选项（1="非常不符合"，2="不符合"，3="不确定"，4="基本符合"，5="非常符合"）。

题项：（一）工程项目契约柔性	得分				
承包方能够在合同签订及执行过程中，依据合同规定或在预留空间内，经济、快速响应项目不确定性的积极动态适应、灵活调整能力					
CF_1：合同条款设置了一定的浮动范围，来应对潜在风险或不确定性事项	1	2	3	4	5
CF_2：针对潜在风险，合同条款能够提供相应的应对方案	1	2	3	4	5
CF_5：合同允许针对某些问题在事后对条款进行补充、调整或完善	1	2	3	4	5
CF_6：合同条款中的再谈判程序是灵活的	1	2	3	4	5
CF_9：依据合同条款，我们可以较为容易地提出合理变更申请	1	2	3	4	5
EF_1：在履约过程中，业主要求严格执行合同条款（R）	1	2	3	4	5
EF_3：在履约过程中，业主允许调整不适用的合同条款	1	2	3	4	5
EF_5：在履约过程中，业主也十分重视与我们的合作关系	1	2	3	4	5
EF_6：在履约过程中，业主会根据环境变化灵活调整合作方式与内容	1	2	3	4	5
EF_8：业主允许我们在一定范围内进行自主决策	1	2	3	4	5
题项：（二）承包方公平感知	得分				
在工程项目履约过程中，项目承包方对业主方决策、行为、项目结果等方面均衡性和正确性的主观评价					
JP_1：与我们在项目中承担的风险责任或做出的贡献相比，我们认为业主支付给我们的报酬是合理的	1	2	3	4	5
JP_2：与所承担的责任或风险相比，我们在项目中所掌握的控制或干预权是合理的	1	2	3	4	5
JP_3：如果我们的行为是对项目有利的，即使合同中没有相关的规定，业主也会给予我们相应的报酬或回报	1	2	3	4	5
JP_4：在项目履约阶段，我们与业主获取的项目风险信息是对称的	1	2	3	4	5
JP_5：在项目履约过程中，我们能够参与业主的决策过程	1	2	3	4	5

续表

题项：（二）承包方公平感知				得分	
在工程项目履约过程中，项目承包方对业主方决策、行为、项目结果等方面均衡性和正确性的主观评价					
JP_6：在项目履约过程中，如果我们对业主的要求和行为存在疑问，我们有权提出反对意见	1	2	3	4	5
JP_7：在应对项目风险的过程中，业主对我们表现出的行为是礼貌的	1	2	3	4	5
JP_8：在应对项目风险的过程中，业主是发自内心尊重我们的	1	2	3	4	5
JP_9：在应对项目风险的过程中，业主会考虑我们的感受	1	2	3	4	5
题项：（三）承包方持续信任				得分	
在工程项目实施过程中，项目承包方在承担一定风险的前提下，对发包方所持有的，认为发包方不会采取有损自身利益行为的积极意愿或期望					
OT_1：在项目履约过程中，业主能够按照合同约定支付项目工程款	1	2	3	4	5
OT_2：在项目履约过程中，业主信守了合同中的承诺	1	2	3	4	5
OT_3：业主方表现出了较高水平的合同管理能力	1	2	3	4	5
OT_4：在项目履约过程中，我们和业主的合作很愉快	1	2	3	4	5
OT_5：在项目履约过程中，我们和业主形成了良好的朋友关系	1	2	3	4	5
OT_6：在项目履约过程中，我们与业主有着相同的价值观、文化或处事方式	1	2	3	4	5
OT_7：项目合同中明确规定了我们与业主间的沟通渠道与方式	1	2	3	4	5
OT_8：业主会向我们澄清和说明合同条款的具体含义	1	2	3	4	5
OT_9：清晰明确的项目合同让我们对业主更有信心	1	2	3	4	5
题项：（四）承包方合作行为				得分	
在工程项目中为实现与业主方共同目标或利益的达成，承包方愿意在承担一定风险的前提下，通过与业主的相互协调，而采取的一系列适应性、互惠性的努力					
CCB_1：我们会与业主开展充分的信息交流	1	2	3	4	5
CCB_2：如果有利于项目，我们愿意为业主提供较为机密的信息	1	2	3	4	5
CCB_3：当发生会影响业主的变化或事项时，我们会及时告知业主	1	2	3	4	5
CCB_4：为推动项目实施，我们愿意承担相应责任	1	2	3	4	5
CCB_5：我们与业主共同解决问题，而不是将问题推给对方	1	2	3	4	5
CCB_6：我们主动承担相应的责任，以确保合作关系的正常运行	1	2	3	4	5
CCB_7：对于合同的修改与调整，我们的态度是开放性的	1	2	3	4	5
CCB_8：当意外事项发生时，我们会与业主协商新的解决方案，而不是固守过时的约定	1	2	3	4	5
CCB_9：如果有必要，我们愿意对合同条款内容做出改变	1	2	3	4	5

再次感谢您的帮助与配合，祝您工作顺利！